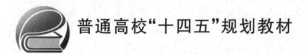
普通高校"十四五"规划教材

U0167953

电子工程技术实训

王虹霞　杨　开　徐鹏飞　编著

北京航空航天大学出版社

内 容 简 介

本书内容共分为 9 章,以电子产品制造的工艺流程为主线,介绍在设计和加工电子产品过程中需要掌握的理论知识、电路设计和仿真方法、装配调试、加工制作等技能。全书结合典型电子工程实践案例展开,读者可以自主设计拓展实验,掌握将理论知识应用于工程实际的方法,激发创新潜能。

本书适合高等院校电子、自动化、航空、设计等相关专业师生阅读,也可供相关领域工程师参考。

图书在版编目(CIP)数据

电子工程技术实训 / 王虹霞,杨开,徐鹏飞编著
. -- 北京 : 北京航空航天大学出版社,2024.4
ISBN 978 - 7 - 5124 - 4398 - 3

Ⅰ. ①电… Ⅱ. ①王… ②杨… ③徐… Ⅲ. ①电子技
术 Ⅳ. ①TN

中国国家版本馆 CIP 数据核字(2024)第 090259 号

电子工程技术实训

王虹霞 杨 开 徐鹏飞 编著
策划编辑 董立娟 责任编辑 杨晓方 周美佳
*
北京航空航天大学出版社出版发行

北京市海淀区学院路 37 号(邮编 100191) http://www.buaapress.com.cn
发行部电话:(010)82317024 传真:(010)82328026
读者信箱: emsbook@buaacm.com.cn 邮购电话:(010)82316936
涿州市新华有限公司印装 各地书店经销
*
开本:710×1 000 1/16 印张:16.5 字数:352 千字
2024 年 4 月第 1 版 2024 年 4 月第 1 次印刷 印数:1 000 册
ISBN 978 - 7 - 5124 - 4398 - 3 定价:59.00 元

前　　言

随着经济的全球化发展,我国电子行业规模迅速扩大,企业对高技能应用型人才的需求日益强烈。高校的重要任务就是为社会输送合格的人才。电子工程技术训练教学是以学生自己动手、掌握一定操作技能并亲手制作实际电子产品为特色,帮助学生掌握基本技能,并将基本工艺知识和创新启蒙有机结合,为培养学生的实际动手能力和创新能力构建一个良好平台的基础实践类课程。

在北京航空航天大学执教的这些年里,编者深刻认识到电子工程技术训练教学不仅能够帮助学生掌握电子工程设计的基本技能,激发学生的学习兴趣,使学生进一步掌握本专业理论知识,同时还有助于培养和提升学生的动手能力和创新能力,对学生进入工作岗位后的发展也大有益处。

鉴于以上认识,编者根据多年从事电子工程技术训练的教学经验,结合相关理论知识和创新实践,编写了本书。本书共分为9章,以电子产品制造的工艺流程为主线,介绍在设计和加工电子产品过程中需要掌握的理论知识、电路设计和仿真方法、装配调试、加工制作等技能。全书结合典型电子工程实践案例展开,内容全面、案例丰富,具体章节内容安排如下。

第1章:绪论,主要介绍电子工程技术训练的一般程序、工艺规范及用电安全。

第2章:常用电子元器件,主要介绍电阻器、电容器、电感器、晶体管等器件。

第3章:常用电子元器件封装,主要介绍元件封装定义和分类、常用的封装和封装的发展趋势。

第4章:常用电子仪器,主要介绍万用表、直流稳压电源、信号发生器、示波器、电桥。

第5章:电路图设计和仿真,主要介绍 Altium Designer 和 Proteus 设计工具及其使用方法。

第6章:电子工艺,主要介绍电路板、制板技术、PCB绘图等。

第7章:焊接与调试工艺,主要介绍常用工具、焊接材料和焊接技术。

第8章:案例实训,主要以丰富的案例讲解的方式将所介绍知识带入应用阶段,包括分模块训练和综合实训两类。实训项目具体包括电阻式和电容式传感器电子秤、稳压电源、调频收音机、机器狗、译码器等。

第9章:液态金属印刷电子技术,主要介绍液态金属印刷电子技术、液态金属PCB快速打印系统和电子电路的液态金属打印实训。

本书是电子工程技术训练课程组的教学总结,是所有参与该教学和研究工作人员的智慧结晶。本书在编写过程中得到了北京航空航天大学和工程训练中心领导的大力支持,在此表示衷心的感谢!本书由北京航空航天大学工程训练中心王虹霞、杨开、徐鹏飞编著,李烨、熊勇参编。其他重要贡献者还有张务谦、李欣、余丽、钱政、齐海涛、韩永鹏、郝继峰等,北京梦之墨科技有限公司、固纬电子(苏州)有限公司、大西洋有限公司等单位的工程师们也提出了许多宝贵意见,在此特别向各位表示衷心的感谢。本教材参考了大量文献,尽可能一一注明,但由于文献较多,疏漏在所难免,在此向被遗漏的文献作者表示歉意,并向所有参考文献的作者表示衷心的感谢!限于编者水平,书中疏漏和不妥之处在所难免,恳请广大读者批评指正。

编　者

2024 年 3 月

目　录

第1章 绪 论

1.1 简 介

本书可作为电子工程技术训练等相关课程配套教材使用,旨在通过电子产品制造工艺理论教学和实训,使学生能够熟悉常用电子元器件的识别和测试方法,了解电路板相关基本知识和基本设计方法,帮助学生成为掌握相应工艺技能和工艺技术管理知识、能够指导电子产品生产现场、能够解决实际技术问题的专业技术骨干。本书在课程设置和实训环节的安排上不仅重视培养学生掌握电子产品生产操作的基本技能,充分理解工艺工作在产品制造过程中的重要地位,还要求他们能够从更高的层面了解现代化电子产品生产的全过程以及目前我国电子产品生产中最先进的技术和设备。

1.1.1 意义与目标

(1) 意 义

随着新经济、新业态的快速发展和新技术的不断涌现,工程实践类教学也不断得到丰富和发展。高校工程实践教学的主要阵地在工程训练中心,强化培养新工科人才工程实践能力和创新能力的核心定位,充分发挥和建设好高校内的工程实践教学课程,对于培养具有创新意识、解决复杂问题的综合能力和高阶思维的"新工科"人才具有重要的意义。

与"老工科"相比,"新工科"更强调学科的实用性、交叉性与综合性,尤其注重新技术与传统工业技术的结合,而电子信息技术代表新的生产力和发展方向,已经成为引领创新和驱动转型的先导力量。电子工程技术训练是一门综合实训课,是培养学生德智体美劳全面发展、具备基本的工程实践能力和创新能力过程中的重要一环。面对"新工科""双一流"建设要求,电子工程技术训练课程突破传统电子实习教学理念的局限,将知识、能力、素质有机融合,构建兼顾"量大面广"优良传统和"个性化教学"先进理念的多模块化教学体系,承担着面向北京航空航天大学全校乃至沙河高教园区高校本科生工程素质、实践能力和创新潜质培养中奠基性和系统性的基础教育责任,指导学生提高电工、电子技术方面的实践技能并塑造严谨的治学作风。

以电子信息产品制造产业发展为背景,根据职业岗位对相关知识、能力和素质的要求,基于"创新活动导向"的人才培养模式,实施"工学交替,创新发展"的教学模式,在生产实践中注重对学生创新能力和实践技能的培养,适用于自动化、光电仪器、能源与动力等相关专业,为培养和提高学生的实践应用能力,符合"新工科"人才培养方向,本教材创造性地设计出一系列实验内容,通过理论基础、实战训练、创新设计、加工制作、竞技比赛等多种适合于教学的内容和方式,引导学生初步掌握电子产品原型设计制造的流程和方法,通过实操充分了解电子产品设计制作的各个环节。同时,本教材还引入新材料、新制作工艺应用方面的内容,并结合新能源、智能硬件等多个技术方向,为学生后期参加创新创业项目实践以及实际工作打下良好的基础。

(2) 目　的

本教材以电路设计为主导,深化电子电路理论知识,培养学生的实验能力、动手能力。只有通过电路设计才能真正掌握电子电路这门技术,这是关于电子电路教学的一种共识。电子电路理论的价值主要体现在它能够解决生产实际中的需要。各种实际需要必须通过电路设计来满足,换言之,在电子电路领域,技术人员面对的主要是电路设计问题,电路分析只是设计工作中的一部分。所以电子电路理论的深化和实验能力的培养必须以电路设计为主导。

加强对电子电路的技术性认识。学生在学习电子电路课程时,容易产生一种偏向,即只偏重对已有电路的数学分析,忽视了对电路功能、特点、元件作用和电路指标、用途等基本概念的掌握,而这些基本概念却是进行电路设计时首先需要用到的。对于这些基本概念的欠缺必然导致电路设计过程中面对实际问题时无从选择适宜的电路,并且在电路指标未达到要求时,也不知应该调整哪些器件。正确的路径应是由实际需要归纳总结出技术要求,根据技术要求选用合理的电路结构,再根据电路结构特点拟定设计步骤,并通过实验中的设计任务来检验对电路理论的掌握程度。

加强对电子电路的工程性认识。为了使电路设计具有可操作性(工程性),在设计过程中往往会对一些模拟和计算公式进行简化,有时还必须做某些假设,一些参数的取值不是依照公式得出,而是根据经验,这些都充分体现了电子电路理论的工程性特点。电子电路的理论教学比较强调理论的系统性和严密性,较少涉及电子电路的工程性特点,学生对这一特点往往认识不足,尤其对模拟电路较为陌生。针对这一特点,只有通过电路设计才能体会到其中的意义。

以小系统电路设计为主,注重电路的完整性。电子电路的理论教学基本是以单元电路分析为主,尽管电子电路实验技术基础是以设计性实验为主,但这种设计也都是单元电路。因此,单元电路分析、设计和实验对于掌握电子电路理论是十分必要的。不过,在实际的电子设备中,只含一个单元电路的情况是不多见的,大多电子设备是由多个单元电路构成的系统。所以,电路设计者面对的大多是一个系统,而不是一个单元电路。

注重生产和市场对电子电路设计的要求。设计电子电路是为了满足生产和市场的需要,所以在进行电路设计时,必须考虑生产和市场对设计的要求和影响。目前,电子电路器件飞速发展,设计手段也在不断更新,电子电路设计的方法和观念也必须与之相适应。所以,电路设计所要考虑的不仅仅是电路本身的问题,还要综合考虑众多因素。

要达到培养设计能力的目的,要求实验内容必须有一定的难度并达到一定数量。设计能力(或称为动手能力)是一种综合能力,这种能力必须在挑战一定难度的前提下,通过一定数量的实验设计才能逐步形成,仅靠书本学习是无法形成设计能力的。因此,在培养学生实验设计能力的过程中,必须为学生提供发现问题和解决问题的机会。

注重基本科技素质的培养。要想研制出符合要求的电子电路,设计者不但需要有扎实的电子电路理论知识和实验能力,还要具备良好的科技素质。科技素质体现为掌握理论知识的学习能力、发现问题的观察力、应用所学知识的综合分析能力、提出解决问题方案的想象力、细致严谨的实验作风和科技写作能力等方面。

(3) 目 标

本教材对于人才培养的目标是:引导学生了解电子工艺知识,掌握电子产品设计、制作的基本技能和基本方法;引导学生熟悉电子产品原型样机的设计制造流程,以典型电子产品为对象,学习、了解电路原理图的绘制和仿真、印制电路板的设计和制作、元器件的检测和焊接以及整机的安装和调试等步骤;在课程教学全程的理论、实践和讨论环节中,紧密结合现今前沿电子技术开展教学实践,使学生在知识的产生与发展之间建立起系统联系,为学习后续课程和完成其他实践环节以及从事实际工作奠定基础;注重培养学生塑造工程意识和科学作风,锻炼学生的技术拓展能力,激发学生的科研热情,鼓励学生体会团队精神,使学生具备综合工程意识,并具有严谨认真、勇于创新和团结奋进的优秀品质。

本教材以电子产品设计与制造为基准目标,综合模拟电路、数字电路、电子信息、传感器技术、计算机技术、人工智能等学科的理论知识以及新能源、功能材料、智能硬件等前沿科技方向,创造性地设置一系列实验内容,培养学生"学科交叉融合"能力,运用所掌握的知识解决现有问题,并具备学习新知识、新技术以解决未来发展中所出现问题的能力,进而对未来技术和产业起到引领作用。

以上目标对人才培养的支撑作用体现在:学生能够将数学、自然科学、工程基础和专业知识用于解决复杂工程问题;能够设计针对复杂工程问题的解决方案,设计满足特定需求的系统、单元(部件)或工艺流程,并能够在设计环节中体现创新意识,考虑社会、健康、安全、法律、文化以及环境等因素;具有人文社会科学素养、社会责任感,能够在工程实践中理解并遵守工程职业道德和规范,履行责任。

1.1.2 设计安排

受限于电子电路制造工艺,目前传统的常规培养方案是将电子电路的理论、设计、仿真与制造分离开来的。电路板制造的整个过程生产线庞大,建设成本高昂,无法实现即时制造、个性化定制等功能,且不具备环保节能、灵活快捷等优势,极大地限制了教学过程中为学生提供电子电路原理、设计、仿真、制造等环节一体化综合考量的闭环培养环境。

针对此类实践课程面临的瓶颈问题,该教材在编写过程中结合编者多年教学经验和改革成效,保留优势,改进不足,旨在培养科技创新型的工程人才方面发挥更大的作用。本教材所推荐适用课程的教学安排思路大致:为首先进行焊接和元件识别等基础技能训练,然后结合基础实习项目完成电子工程的实践,最后引导学生结合个人实际情况,分层次地选择拔高综合型实习项目,以此达到让学生接受电子电路原理构想、设计、仿真和制作的全过程闭环培养。

1.1.3 课程设计实例

北京航空航天大学开设的电子工程技术训练是面向大二、大三本科生的实践类工程基础课程,是一门将跨学科知识、综合能力培养、正确价值观塑造整合于一项电子产品开发的全过程中,以囊括学生亲自体验构思、设计、生产实践、分享成果的闭环教学活动,培养学生多学科交叉融合、团队协作、逻辑思维、创新实践等工程综合能力,引导学生塑造大工程观、工匠精神、社会责任、道德规范等正确人生价值观的实践类核心课。该项目围绕以下三个课程内核进行深入的剖析和革新,挖掘课程的高阶性、创新性和挑战度,以建成工程实践类一流本科课程,在培养学生的工程素养方面发挥重要作用。

(1) 传授知识,培养学生通过实践寻求真理的精神

本课程按照工程实际中的产品开发流程,以实践载体为开发对象,引导学生体验从构思到设计、分析再到生产具体产品的整个过程。课程中设置电子工程导论、电子工艺基础知识、电路设计原理及方法、电子产品加工方法原理及操作、电子仪器测量方法、典型电路原理和调试分析等理论讲解内容,为学生正常开展动手操作提供知识基础,帮助学生在电子产品设计与制造方面建立全面的概念。

(2) 加强实践环节,培养学生的工程实践能力

培养双领人才离不开工程实践能力的提升。一项新产品的诞生隶属于跨学科的创新过程,这一过程伴随着对创新思维、信息技术基本素养、学习能力等高阶思维与

能力的综合运用。本课程致力于提升电子工程技术训练教学内容的内涵,针对不同专业、不同年级、不同基础水平制定不同的实训内容,使学生深入了解先进技术,而不是停留在操作层面,包括对各加工设备和测量仪器系统内部结构、原理和智能制造的深入学习,自主设计,仿真和半实物验证并分析,提高利用现代信息工具分析问题的能力,培养大胆质疑和勇于创新的精神。在以分组合作的方式完成实践载体生产和调试的过程中,鼓励学生通过跨学科的交流与思辨,加强学生创新、设计、协作和表达的能力。

(3) 引导学生塑造正确的价值观与责任心意识

正确的价值观和责任心意识是树人之根本。本课程以电子产品设计与制造实践为育人手段,通过劳动实践让学生切身感受到工程工作的严谨性,并培养学生对劳动成果产生美学意识,在不断的创新试验、尝试中养成不畏挫折、迎难而上的精神美德,而且能让学生在实践中内化前期所学知识,从而进一步提升认识问题、分析问题和解决问题的能力,实现协同育人。

本课程将先进的电子线路制作设备与教学实践相结合,构建校企合作、产学研协作、开放共享等培养模式,培养学生"学科交叉融合"能力,运用所掌握的知识解决现有问题,并具备学习新知识、新技术以解决未来发展中所出现问题的能力,进而对未来技术和产业起到引领作用;实现符合新工科人才培养的现实需要,优化人才培养质量,动态评估探索人才能力,对接产业人才需求,实现创新型复合性综合应用人才培养机制。

1.2 实训的一般程序

(1) 单元电路设计

单元电路是整机的一部分,只有把各单元电路设计好才能提高整体设计水平。设计每个单元电路之前都需要明确本单元电路的任务,详细拟定出单元电路的性能指标、与前后级之间的关系;分析电路的组成形式。进行具体设计时,可以模仿成熟的先进电路,也可以进行创新或改进,不过前提是必须保证性能要求。而且各单元电路之间也要互相配合,设计时应注意各部分的输入信号、输出信号和控制信号之间的关系。

(2) 参数计算

为保证单元电路达到功能指标的要求,就需要运用电子技术知识对参数进行计算,例如放大电路中各电阻值、放大倍数,振荡器中电阻、电容、振荡频率等参数。只有很好地理解电路的工作原理,正确利用计算公式,计算出的参数才能满足设计要求。计算参数时,同一个电路可能有几组数据,注意选择一组能完成电路设计功能、在实践中真正可行的参数。

(3) 器件选择

1) 阻容元件的选择

电阻和电容的种类很多,正确选择电阻和电容是很重要的。不同的电路对电阻和电容的性能要求也不同,有些电路对电容的漏电要求很严格,有些电路则对电阻、电容的性能和容量要求很高,例如滤波电路中常用大容量(100~3 000 μF)铝电解电容,为滤掉高频干扰噪声通常还需并联小容量(0.01~0.1 μF)瓷片电容。设计时要根据电路的要求选择性能和参数合适的阻容元件,并要注意功耗、容量、频率和耐压范围是否满足要求。

2) 分立元件的选择

分立元件包括晶体二极管、晶体三极管、场效应管、光电二(三)极管、晶闸管等。要根据各元件的用途分别进行选择。选择器件的种类不同,注意事项也不同,例如选择晶体三极管时,首先应注意是 NPN 型还是 PNP 型管,是高频管还是低频管,是大功率管还是小功率管,并注意晶体管的参数是否满足电路设计指标的要求 。

3) 集成电路的选择

由于集成电路可以实现很多单元电路甚至是整机电路的功能,所以选用集成电路设计单元电路和总体电路既方便又灵活,不仅可以使系统体积缩小,而且性能可靠,便于调试及运用,在设计电路时颇受欢迎。集成电路分为模拟集成电路和数字集成电路。国内外现存集成电路数量与种类众多,有关器件的型号、原理、功能、特性信息可查阅有关手册。

1.3　用电安全

尽管电子装接工作通常被称为"弱电"工作,但实际工作中免不了会接触"强电"。一般常用的电动工具(例如电烙铁、电钻、电热风机等)、仪器设备和制作装置大部分需要接市电才能工作,因此用电安全是电子装接工作的首要关注点。

1.3.1　安全用电观念

加强安全用电的观念是确保安全的根本。任何制度、任何措施都是由人来贯彻执行的,忽视安全是最危险的隐患。

1.3.2　基本安全措施

采取基本安全措施是保证工作场所安全的物质基础。基本安全措施包括以下几条：

(1) 工作室的电源符合电气安全标准。

(2) 工作室总电源上安装漏电保护开关。

(3) 使用符合安全要求的低压电器(包括电线、电源插座、开关、电动工具、仪器仪表等)。

(4) 工作室或工作台上安装便于操作的电源开关,最好可独立控制。

(5) 从事电力电子技术工作时,工作台上应设置隔离变压器。

(6) 调试、检测较大功率电子装置时,工作人员不少于两人。

1.3.3　养成安全操作习惯

习惯是一种下意识的、不经思索的行为方式,安全操作习惯可以逐步培养形成,并使操作者终身受益。主要的安全操作习惯包括：

(1) 人体触及任何电气装置和设备时先断开电源。断开电源一般指真正脱离电源系统(例如拔下电源插头、断开刀闸开关或断开电源连接),而不仅是断开设备电源开关。

(2) 测试、装接电力线路采用单手操作。

(3) 触及电路的任何金属部分之前都应进行安全测试。

1.3.4　防止烫伤

烫伤是电子装接工作中频繁发生的一种安全事故,这种烫伤一般不会造成严重后果,但也会对操作者造成伤害。只要多加注意,安全操作,烫伤完全可以避免。造成烫伤的原因及预防措施如下。

(1) 接触过热固体。造成烫伤的常见固体有以下两类。

① 电烙铁和电热风枪。特别是电烙铁为电子装接必备工具,通常烙铁头的表面温度可达 400～500 ℃,而人体的耐受温度一般不超过 50 ℃,直接触及电烙铁头肯定会被烫伤。工作时,应将烙铁放置在烙铁架上并置于工作台右前方。观测烙铁温度可用烙铁头熔化松香,不要直接用手触摸烙铁头。

② 电路中的发热电子元器件,如变压器、功率器件、电阻、散热片等。特别是当电路发生故障时,有些发热器件可达几百摄氏度高温,如果在通电状态下触及这些元器件,不仅可能被烫伤,还可能有触电危险。

　（2）过热液体烫伤。在电子装接工作中接触到的主要有熔化状态的焊锡。

　（3）电弧烫伤。电弧烧伤常发生在操作电气设备过程中，较大功率的电器不通过启动装置而直接接到刀闸开关上，当操作者用手去断开刀闸时，由于电路感应电动势（例如电机、变压器等）在刀闸开关之间可产生数千甚至上万伏高电压，因此击穿空气而产生的强烈电弧容易烧伤操作者。

第2章　常用电子元器件

元器件是电子工程中对电阻、电容、电感、晶体管、集成电路等的统称。一般又将电阻、电容、电感等无源元件称为电子元件；而将晶体管、电子管、集成电路等利用电子在真空、气体或特定固体中运动或能量状态的改变而作用于电路的元件，即有源元件，称为电子器件。本书不对电子元件和电子器件进行细致区分，将二者统称为电子元器件。

2.1　电阻器和电位器

2.1.1　电阻器

电阻器是一种消耗电能的元件，我们常称之为电阻。它在电路中起着分配电压和电流、限制电流、负载、与其他元件一起构成去耦电路、组成时间常数电路等多种作用，是电子电路中应用最多的电子元件，占全部元器件总数的50%以上。它的基本单位是欧姆(Ω)，常用单位有千欧姆($1\ k\Omega = 10^3\ \Omega$)、兆欧姆($1\ M\Omega = 10^6\ \Omega$)。电阻在电路中的符号如图2-1和图2-2所示。图中"R7"是指电阻编号为7，"R?"则为新添加而编号待定的电阻，其中所对应的5.1Ω。图2-3为电阻实物图。

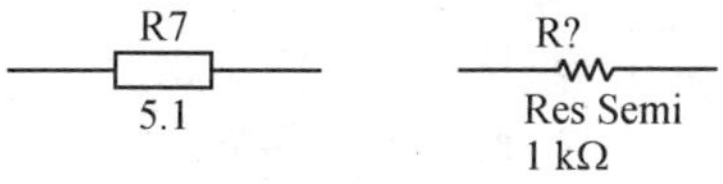

图 2-1　固定电阻

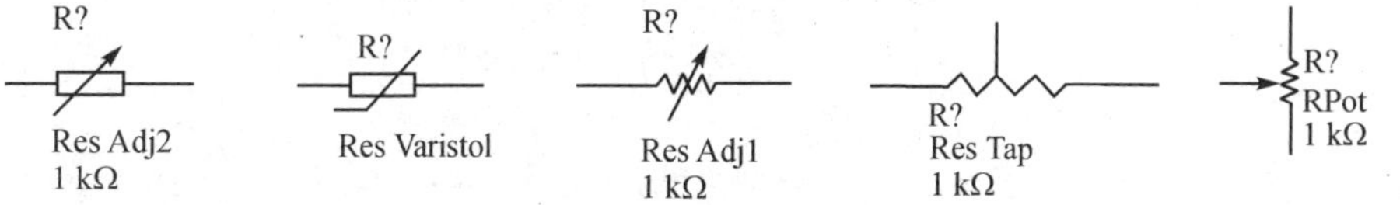

图 2-2　可调电阻

电阻元件的电阻值大小一般与温度、材料、长度以及横截面积有关，衡量电阻受温度影响大小的物理量是温度系数，其定义为温度每升高1℃，电阻值发生相对变化的百分数。电阻的主要物理特征是将电能转化为热能，也可说它是一个耗能元件，电流经过它就产生内能。电阻在电路中通常起到分压、分流的作用，还可以调节时间常

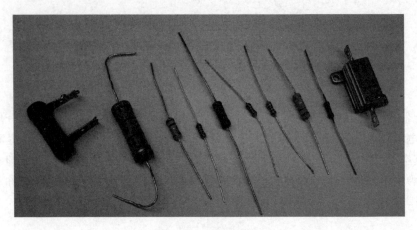

图 2 - 3　电阻实物图

数、抑制寄生振荡等。就信号而言,交流与直流信号都可以通过电阻。

(1) 电阻的分类

电阻可按照结构、材料、用途等方式进行分类(见图 2 - 4)。电阻按照结构可分为固定电阻和可变电阻。固定电阻包含线绕电阻、金属膜电阻、碳膜电阻、玻璃釉电阻、熔断电阻、阻燃电阻等;可变电阻又被称为电位器,包含单联电位器、双联/多联电位器、开关电位器等。按照材料可分为合金电阻、薄膜电阻和合成电阻。按照用途可分为普通电阻、精密电阻、熔断电阻、高频电阻、高压电阻和高阻电阻。

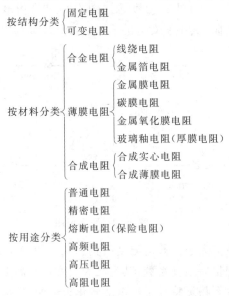

图 2 - 4　电阻的分类

1）薄膜电阻

薄膜电阻是电子工程中使用最多的电阻，最常用的有碳膜电阻和金属膜电阻。

在制造工艺方面，碳膜电阻是用结晶碳沉积法将碳膜沉积在陶瓷管或陶瓷棒的表面制成。金属膜电阻是用真空蒸发法（适用于镍铬合金）或烧渗法（适用于金铂合金）将金属膜被覆在陶瓷管或陶瓷棒的表面制成，在被覆好薄膜的电阻胚上刻出螺旋状槽纹以获得所需的电阻值，再在瓷棒两端加装带有引线的卡帽，最后在外层加上保护层并印上标记，制成电阻成品。

碳膜电阻的特点包括：

① 稳定性较高，长期使用后阻值变化极小。温度系数是碳膜电阻的一个重要物理参数，用于描述碳膜电阻在不同温度下的电阻变化率。碳膜电阻温度系数通常采用百分数/℃或 ppm/℃（百万分之一每摄氏度）作为单位，其范围一般为 $\pm 200 \sim \pm 1\,500$ ppm/℃，可在 70 ℃的环境中长期工作。

② 精度较高，误差等级可达 $\pm 1\%$。阻值可在几欧姆到 10 MΩ 的范围内制作。

③ 工作噪声小，最大噪声为 20 μV/V。

④ 工作频率可在几兆赫。

⑤ 电阻的功率不易做得很大，一般在几瓦以下。70 ℃时额定功率范围为 $0.125 \sim 5$ W。

⑥ 价格低廉，出厂价仅几分钱。

金属膜电阻的特点包括：

① 稳定性比碳膜电阻更高。

② 温度系数范围为 $\pm 50 \sim \pm 100$ ppm/℃，最高电阻工作温度可达 175 ℃。

③ 精度等级可达 $\pm 0.25\%$。

④ 阻值常在几十欧姆到几十兆欧姆之间。

⑤ 工作噪声、工作频率等指标都远优于碳膜电阻，如最大工作噪声可为 0.2 μV/V。

2）线绕电阻

线绕电阻是用具有一定电阻率的金属丝在特定的骨架上绕制而成，其外面涂有玻璃釉或其他耐热材料作为绝缘层和保护层。使用不同线径、长度和合金材料可以达到所需电阻和初始特性。

线绕电阻一般分为"功率线绕电阻"和"精密线绕电阻"。功率线绕电阻在使用过程中会发生很大变化，不适合在对精密度要求很高的情况下使用。精密线绕电阻 ESD 稳定性更高，噪声低于薄膜或厚膜电阻。线绕电阻还具有 TCR 低、稳定性高的特点。其阻值范围通常在零点几欧姆到几千欧姆之间。精度极高，误差可达 $\pm 0.01\%$。工作频率低，一般不能在兆赫级的电路中使用。功率可以做得很大。

3）实心电阻

实心电阻是在碳黑、石墨等导电物质中加入填充材料及黏合剂，再加上引线压制成实心圆柱形，经热处理制成。

这种电阻体积小，但功率较大，阻值范围宽，可从几欧姆到几十兆欧姆，承受脉冲电压的能力强,可靠性很高,抗过载能力很强。但其精度较低,一般在 10％ 以上,温度、湿度稳定性较差,不适合在对此要求较高的场合使用。与其他电阻相比,其最大的缺点是噪声系数较大。现在使用这种电阻的场合不多。

（2）电阻的参数

电阻的主要技术参数有标称值、允许误差、额定功率、温度系数、极限电压等。

1) 标称值

电阻的标称值有 6 个系列,分别是 E6 系列、E12 系列、E24 系列、E48 系列、E96 系列和 E192 系列,误差范围分别是 ±20％、±10％、±5％、±2％、±1％ 和 0.5％,详见表 2－1。

表 2－1　电阻标称值表

系列	E6 系列	E12 系列	E24 系列	E48 系列	E96 系列	E192 系列
标称值	1	1	1	略	略	略
			1.1			
		1.2	1.2			
			1.3			
	1.5	1.5	1.5			
			1.6			
		1.8	1.8			
			2.0			
	2.2	2.2	2.2			
			2.4			
		2.7	2.7			
			3.0			
	3.3	3.3	3.3			
			3.6			
		3.9	3.9			
			4.3			
	4.7	4.7	4.7			
			5.1			
		5.6	5.6			
			6.2			
	6.8	6.8	6.8			
			7.5			
		8.2	8.2			
			9.1			

注:表 2－1 中数字的单位可以是 Ω,也可以是 kΩ、MΩ;数字可以×10,也可以×100。

2）电阻的允许误差

电阻的实际值与标称值的差占标称值的比例称为电阻的误差，即：

$$误差 = \frac{电阻的实际值 - 标称值}{标称值}$$

每一个电阻都有其允许的误差范围，表 2-1 中任何一个电阻的允许误差，其下限值应小于或等于比其小一位的电阻的误差上限值，从而使工厂实现无废品生产。

3）电阻的额定功率

电阻在工作时会发热，若热量来不及散掉，就会将电阻烧毁。所以电阻本身有一个功率极限，即电阻的额定功率。

电阻的常见额定功率系列有 1/16 W、1/8 W、1/4 W、1/2 W、1 W、2 W 等。一般来说，材料相同的电阻体积越大，其功率也就越大。表 2-2 列出了碳膜电阻和金属膜电阻两种电阻体积与功率的关系。

表 2-2　碳膜电阻和金属膜电阻体积和功率的关系

功率/W	体　积			
	碳膜电阻		金属膜电阻	
	长度/mm	直径/mm	长度/mm	直径/mm
1/8	11	3	6～8	2～2.5
1/4	18.5	5	7～8.3	2.5～3
1/2	28	5.5	10	4.2

不同功率的电阻在电路图中有不同的符号，见图 2-5。

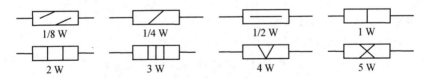

图 2-5　不同功率的电阻在电路中的符号

4）电阻的材料

电阻的材料参见 2.1.1(1)电阻的分类中图 2-4，即合金电阻、薄膜电阻和合成电阻 3 类。这 3 类材料中的每一种材料都有对应字母来表示，见表 2-3。

表 2-3　不同材质电阻的对应的字母标注

字　母	材　料	字　母	材　料	字　母	材　料
T	碳膜	I	玻璃釉碳膜	XY	被釉线绕
H	合成碳膜	TX	小型碳膜	XQ	酚醛线绕
J	金属膜	TL	测量用碳膜	XYC	防潮线绕

字　母	材　料	字　母	材　料	字　母	材　料
Y	氧化膜	TPC	超高频碳膜	XJ	精密线绕
C	沉积膜	HZ	高阻合成膜	R	热敏
X	线绕	HY	高压合成膜	M	压敏
S	有机实心	HZZ	真空兆欧合成膜	G	光敏
N	无机实心	JJ	精密金属膜		

5）电阻的温度系数

电阻的温度系数是反应电阻的阻值随温度变化的一个参数，符号记为 D_r。其含义是当温度变化 1 ℃时，电阻值 R 的相对变化量。其数学表示式是：

$$D_r = \Delta R / R$$

电阻的温度系数一般用百分数表示，也有用 ppm/℃（百万分之一每摄氏度）表示的。若电阻的阻值随温度的升高而增加，则称其为正温度系数；反之，则为负温度系数。

（3）电阻的标注方法

目前我国常用的电阻标注方法有 4 种，即直接标注法、文字符号标注法、色环标注法和数码标注法。

1）直接标注法

直接标注法即用数字和单位符号在电阻器表面标出阻值，允许误差直接用百分数表示，如未标注偏差，偏差则为默认值±20%。对于大体积的电阻，生产厂家会将阻值、误差信息直接印在电阻外壳上。

直接标注法由 5 个部分组成：

第一部分——R，主称，表示电阻符号；

第二部分——多个字母，表示材料及用途（见表 2 - 3）；

第三部分——数字加字母，表示标称值；

第四部分——数字加字母，表示功率；

第五部分——百分数，表示误差。

在体积允许的情况下，有的电阻还标有电阻生产厂的厂标及生产年月日等参数。电阻的单位符号常用 Ω、kΩ 和 MΩ。

有的电阻用罗马数字Ⅰ、Ⅱ、Ⅲ分别表示±5%、±10%和±20%的允许误差。这种标注方法直观，但不适用于体积较小的电阻。

2）文字符号标注法

文字符号法是将阿拉伯数字和文字符号二者有规律地组合表示标称阻值，允许偏差用文字符号表示。符号前面的数字表示整数阻值，后面的数字依次表示第一位小数阻值和第二位小数阻值。

这种标注方法也由 5 个部分组成:

第一部分——R,主称,表示电阻;

第二部分——字母,表示材料;

第三部分——数字或符号,表示基本性能;

第四部分——数字加字母,表示标称值;

第五部分——字母,表示误差。

其中第一部分、第二部分的内容与直接标注法相同,第三部分的内容见表 2-4。

表 2-4　不同数字和符号所对应的性能列表

数字/符号	1	2	3	4	5	7	8	9	G	T
性　能	普通	普通	超高频	高阻	高温	精密	高压	特殊	高功率	可调

第四部分标称值部分的单位 Ω 用 R 表示;kΩ 用 K 表示;MΩ 用 M 表示;GΩ 用 G 表示。表示单位的字母占小数点的位置,例如 R6＝0.6 Ω,4K7＝4.7 kΩ 等。

第五部分表示误差的字母及含义见表 2-5。

表 2-5　误差和字母的对应表

符　号	B	C	D	F	G	J	K	M	N
误差范围/±%	0.1	0.25	0.5	1	2	5	10	20	30

其中较为常见的字母是 J、K、M。

3) 色环标注法

色环标注法是小功率电阻(通常体积较小)使用最多的标注法。该标注法是用不同颜色的带或点在电阻器表面标出标称阻值和允许偏差。这种方法克服了前两种标注法所共有的缺点,即标志符号有方向性,这不利于生产中的检测和检修。

色环标注法又分为四环表示和五环表示两种方法。四环电阻又被称为普通电阻,它的误差范围在±5%～±20%之间,是工程上常用的电阻系列。这种电阻造价低,一只碳膜电阻的出厂价仅几分钱。

五环电阻又称精密电阻,它的精度比四环电阻要高出一个数量级,最高可达到千分之一。

① 四环电阻

图 2-6 是四环电阻的示意图,其左边印在卡帽上的色环是第一环,四道色环依次向右排列。其中,第一环和第二环表示有效数字,第三环表示倍率,第四环表示误差。

图 2-6　四环电阻示意图

一共用 10 种不同的颜色表示 0~9 这 10 个数字,另外还用金色和银色这两种颜色表示误差,详见表 2-6。例如"红、红、红、金"表示 22×10^2 Ω、误差 5%,即我们通常所说的 2.2 kΩ 的电阻;又如"棕、黑、银、银"表示 10×10^{-2} Ω、误差 10%,即我们常说的 0.1 Ω 电阻。

表 2-6 四环电阻色环对照表

颜 色	第一环数字	第二环数字	第三环倍率	第四环误差
棕	1	1	$\times10^1$	
红	2	2	$\times10^2$	
橙	3	3	$\times10^3$	
黄	4	4	$\times10^4$	
绿	5	5	$\times10^5$	
兰	6	6	$\times10^6$	
紫	7	7	$\times10^7$	
灰	8	8		
白	9	9		
黑	0	0		
金			$\times10^{-1}$	±5%
银			$\times10^{-2}$	±10%
无色				±20%

② 五环电阻

图 2-7 为五环电阻示意图。

图 2-7 五环电阻示意图

表 2-7 为适用于五环电阻的色环对照表。其中,第一环、第二环和第三环同为有效数字,其精度要比四环电阻高出一个数量级;第四环为倍率;第五环为误差。

表 2-7 五环电阻色环对照表

颜 色	第一环数字	第二环数字	第三环数字	第四环倍率	第五环误差
棕	1	1	1	$\times10^1$	±1%
红	2	2	2	$\times10^2$	±2%
橙	3	3	3	$\times10^3$	

颜　色	第一环数字	第二环数字	第三环数字	第四环倍率	第五环误差
黄	4	4	4	$\times 10^4$	
绿	5	5	5	$\times 10^5$	$\pm 0.5\%$
兰	6	6	6	$\times 10^6$	$\pm 0.2\%$
紫	7	7	7	$\times 10^7$	$\pm 0.1\%$
灰	8	8	8		
白	9	9	9		
黑	0	0	0	$\times 10^0$	
金				$\times 10^{-1}$	
银				$\times 10^{-2}$	
无 色					

4) 数码标注法

数码标注法是在电阻器上用三位/四位数码表示标称阻值的标注方法。三位数码从左到右的第一位和第二位为有效值,第三位为倍率位,即零的个数,单位为欧姆(Ω);四位数码从左到右的第一位、第二位和第三位为有效值,第四位为倍率位,单位为欧姆(Ω)。偏差一般用文字符号表示。图 2 - 8 为"103"和"1103"数码标注对应的阻值计算示意,其中误差为默认值。

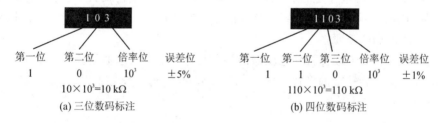

(a) 三位数码标注　　　　　　　　　　(b) 四位数码标注

图 2 - 8　数码标注法示意图

2.1.2　电位器

可变电阻也被称为电位器,是一种依靠机械运动改变其电阻值的电阻器,常见的结构和外形如图 2 - 9 所示。

对电位器的标注内容较多,在此不做详细介绍,只介绍主称与材料:电位器的主称——W;电位器材料字母表示见表 2 - 8。

图 2-9　几种常见的电位器

表 2-8　电位器材料字母表示对照表

字　母	材　料	字　母	材　料
T	碳膜	X	线绕
TH	合成碳膜	S	有机实心
H	合成碳膜	I	金属玻璃釉

　　电位器按材料分类,可分为线绕、薄膜和实心 3 种;按结构分类,可分为带开关式、旋转式、直滑式、单联式、双联式等;按特性分类,可分为线性电位器(X 型)、指数型电位器(Z 型)、对数型电位器(D 型)和函数型(S 型)电位器,还有一些专用电位器,如在 Hi-Fi 音响电路中,有的音量电位器在其转角 1/3 或 2/3 处带有定位抽头以适应设备的等响度需要。

　　图 2-10 展示了 3 种特性电位器的转角与电阻值的关系曲线。

　　电位器常用旋转轴的形式如图 2-11 所示,旋转角一般为 270°,有些精密电位器的转角为 360°,甚至更多。

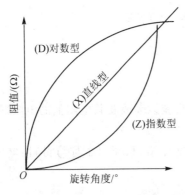

图 2-10　电位器阻值变化特性曲线

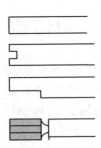

图 2-11　电位器常用旋转形式

2.1.3　特殊电阻

（1）热敏电阻

热敏电阻在正温度系数（PTC）T 上升时，R 增加；负温度系数（NTC）T 上升时，R 下降。

（2）光敏电阻

光敏电阻在无光照情况下，R（暗电阻）很大；在有光照情况下，R（亮电阻）很小。

（3）压敏电阻

当压敏电阻两端所加的电压大于压敏电压值时，R 减小。

2.1.4　电阻的测量

三用表检测电阻的方法可参考后文 4.1.3 小节万用表测量操作部分内容，此处不做赘述，仅提出几个注意事项。

（1）在表头上标注 ⌷ 符号的机械式（指针式）三用表都必须平放使用，否则将会存在很大的使用误差。

（2）使用三用表测量低值电阻时，要勤调零。这是由于三用表在此情况下对表内的电池消耗很大，电池的电动势跌落会使已经调好的零位发生变化而影响测量精度。

（3）使用三用表测量高值电阻时，测量者的双手不要同时接触被测电阻的两条引脚及两支表笔的金属部分，以免将人体电阻并联在被测电阻的两端，造成方法误差。

2.2　电容器

电容器俗称为电容。其基本单位是法［拉］（F），常用单位还包括微法［拉］（1 μF $= 10^{-6}$ F）和皮法［拉］（1 pF $= 10^{-12}$ F）。电容器的基本构造是在两片金属板之间添加某种电介质制成，其物理特性是能够储存电荷，这种储存电荷的能力叫作电容量。电容量与电容器两极板的有效面积成正比；与极板间介质的介电常数成正比；与两块极板间的距离成反比。

电容器最显著的电特性是阻止直流电流通过，允许交流电流通过。电容器对交流电流呈现的阻抗称为容抗（X_c），其计算公式如下：

$$X_c = \frac{1}{\omega C}$$

上式中，$\omega = 2\pi f$，若频率 f 的单位为赫兹(Hz)，电容 C 的单位为法[拉](F)，则容抗 X_c 的单位是欧姆(Ω)。

在电容电路中，电容器中电流的相位超前其两端的电压 90°。

电容器在电路中的符号如图 2-12 所示。“?”表示编号待设定。

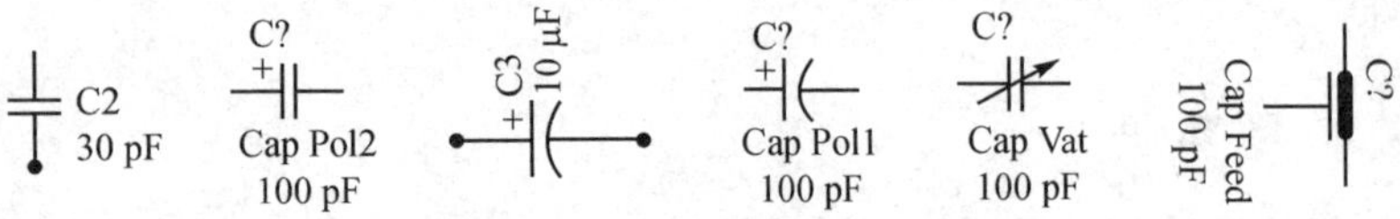
C2
30 pF
C?
Cap Pol2
100 pF
C3
10 μF
C?
Cap Pol1
100 pF
C?
Cap Vat
100 pF
C?
Cap Feed
100 pF

图 2-12 电路图中电容器的符号

2.2.1 电容器的分类

图 2-13 罗列了电容器的分类情况，其中固体材料部分还有很多，不便一一列出，图中仅为常用材料。

- 按结构分类
  - 固定电容
  - 可变电容
- 按材料分类
  - 固体材料
    - 有机固体，如纸、聚苯乙烯、聚四氟乙烯等
    - 无机固体，如云母、玻璃膜、陶瓷等
  - 电解质材料，如铝电解、钽电解、铌电解等
  - 复合材料
  - 气体材料
  - 液体材料

图 2-13 电容器分类

电容器的种类繁多，图 2-14 是一些常见电容器的外形图。

234J
100V
CTH
0.22μF K 630VAC
HME
HMP
155 K 400V

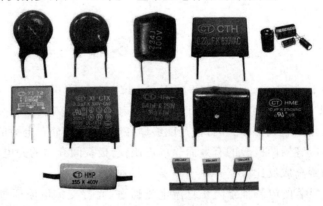

图 2-14 电容器外形

2.2.2　电容器的参数

（1）标称值

电容器的标称值与电阻的标称值相同，不再复述。

（2）允许误差

电容器的误差等级一般要比电阻的误差等级差一些，最小在 1％，最大可达 100％。早期我国把电容的误差分为五个等级，即 00 级、0 级、Ⅰ 级、Ⅱ 级和 Ⅲ 级；后来，又用字母将其细分为十级。

（3）温度系数

电容器的容量随温度变化的程度被称为电容器的温度系数，符号为 α。其计算公式如下：

$$\alpha = \frac{C_2 - C_1}{C(T_2 - T_1)}$$

其中，C_1 为温度 T_1 时的容量；C_2 为温度 T_2 时的容量。

（4）电容的允许工作电压

电容的允许工作电压也被称为电容的耐压，是电容可以正常工作的最大电压，是电容器的一个重要参数，在交流电路中使用时还需要注意有效电压和最大电压的转换关系。

电容器还有一些其他的参数，如介质损耗、绝缘电阻、环境温度等，应根据设计需求的不同，去选择关注使用中应注意的参数。

2.2.3　电容器的标注方法

目前市面上所售电容器的标注方法大致有四种，即直接标注法，数码表示法，无单位直接表示法以及 p、n、u、m 表示法。

（1）直接标注法

直接标注法的内容包含 6 个部分：
第一部分——C，表示电容器的主称；
第二部分——字母，表示电容器介质的符号；
第三部分——数字，表示电容器的性能及用途；

第四部分——电容器的标称值；

第五部分——最高工作电压；

第六部分——百分数或字母，表示允许误差。

此外，电解质电容器还要标注出正极引脚或负极引脚、使用中的环境温度等。

第二部分的内容见表 2-9。

表 2-9　电容器介质符号

字　母	A	B	C	D	E	G	H	I	J	L	N	O	Q	T	V	Y	Z
介质	钽电解	聚苯乙烯	高频瓷	铝电解	其他电解	合金电解	复合电解	玻璃釉	金属化纸介	涤纶	铌电解	玻璃膜	漆膜	低频瓷	云母纸	云母	纸

注：① B 列中表示除聚苯乙烯外的其他无极性有机薄膜介质时，还在 B 的后面加一个字母以示区别，如 BB 表示聚丙乙烯，BF 表示聚四氟乙烯等。② L 列中表示其他极性有机薄膜时，也在 L 的后面加一个字母以示区别，如 LS 表示聚碳酸酯等。

第三部分的内容很多，表 2-10 和表 2-11 分别罗列出了钽电解电容和铝电解电容型号与性能的一览表，供学习者参考。另外需要注意的是，不同制造商所制造同一系列的电解电容在性能、参数和规格上可能也有差异，因此，在器件选型过程中，当需要比较不同型号和品牌的电解电容时，应确保基于相同的测试条件和评价标准进行比较。

表 2-10　钽电解电容型号与性能表

分　类	型　号	特　性	环境温度/℃
钽电解电容	CA	固体电解质、标准品	−55～85
	CA1	小体积、杯状、液体电解质	−55～85
	CA32A	大容量、筒状、液体电解质	−55～100
	CA32B	大容量、低电压、液体、筒状	−55～85
	CA33A	大容量、高电压、液体	−55～100
	CA34A	液体电解质、杯状	−55～100
	CA30	小体积、液体、管状	−55～85
	CA40	固体电解质、金封、同向引线	−55～85
	CA42	固体、树脂封装、同向引线	−55～85
	CA70	固体、无极性	−55～85
铌电解电容	CN	固体、密封、异向引线	−55～85

表 2 - 11　铝电解电容型号与性能表

分　类	型　号	特　性	环境温度/℃
小型铝电解电容	CD_{10}	小型标准品、异向引线	$-40 \sim 85$
	CD_{11}	小型标准品、同向引线	$-40 \sim 85$
	CD_{26}	低温	$-55 \sim 85$
	CD_{71}	无极性	$-40 \sim 85$
	CD_{110}	超小型	$-40 \sim 85$
	$CD_{110,115}$	低漏电	$-40 \sim 85$
	CD_{112}	小型、高温、耐用	$-40 \sim 105$
	CD_{113}	高温、耐用	$-40 \sim 125$
	CD_{114}	低漏电	$-40 \sim 85$
	CD_{116}	高频、低漏电、低阻抗	$-40 \sim 85$
	CD_{117}	高稳定度	$-40 \sim 85$
	CD_{118}	高频、低阻抗	$-40 \sim 85$
	CD_{11G}	高压、小体积	$-25 \sim 85$
	CDS	无极性	$-40 \sim 85$
大型铝电解电容	CD_{12-15}	胶木盖标准结构	$-40 \sim 85$
	CD_{17}	小体积、充放电性能好	$-25 \sim 55$
	CD_{28}	基板自立、四针式	$-25 \sim 85$
	CD_{119}	基板自立、四针、双焊片	$-40 \sim 85$
	CD_{131}	大容量、螺钉引线	$-40 \sim 85$
	CD_{132}	小体积、耐用	$-25 \sim 85$
	CD_{281}	基板自立、二针式	$-40 \sim 85$
	CD_{282}	基板自立、二焊片	$-40 \sim 85$
	CD_{284}	引线、带辅助固定脚	$-25 \sim 85$
	CDM - T	铝壳、全密封	$-40 \sim 85$
	$CDZCD_{102}$	组合式、共负极	$-40 \sim 70$

　　第六部分表示误差的方法:最初,我国把电容的允许误差分为五个级别,即 00 级(小于 $\pm 1\%$)、0 级(小于 $\pm 2\%$)、Ⅰ级(小于 $\pm 5\%$)、Ⅱ级(小于 $\pm 10\%$)和Ⅲ级(小于 $\pm 20\%$)。目前使用较多的是国际电工委员会推荐使用的方法,即用十个字母分别表示十个误差等级,见表 2 - 12。

表 2 - 12　电容误差等级

字　母	D	F	G	U	J	K	M	N	S	Z
表示误差 / %	±0.5	±1	±2	±3.5	±5	±10	±20	±30	±50 /−20	±80 /−20

我国在电解电容上标注引脚的极性时,是在引脚的正极处注明一个"＋"符号,而进口的电容则是在负极处注明"－"符号,无极性铝电解电容一般不做记号,但也有一些标有 BP 或 NP 字样,表示为无极性。

直接标注法多用于体积较大的电容,可以标示较多的内容。而在体积较小的电容上多使用其他三种标注方法。

(2) 数码表示法

数码表示法是用三位阿拉伯数字表示电容的容量,再后缀一个字母表示允许误差。其中,第一位和第二位数字是有效数字,第三位数字是倍率,第三位数字为 9 时表示倍率是 10^{-1},单位是皮法[拉](pF)。例如:101J 表示电容量是 $10 \times 10 = 100$ pF,误差±5％;102K 表示电容量是 $10 \times 10^2 = 1\,000$ pF,误差±10％等。

(3) 无单位直接表示法

无单位直接表示法是用多位数表示电容量,后缀字母表示误差;数字大于 1 时单位是皮法[拉](pF),数字小于 1 时单位是微法[拉](μF)。例如:2 200K 表示电容量是 2 200 pF,误差是±10％;0.047M 表示电容量是 0.047 μF,误差±20％等。

(4) p、n、u、m 表示法

p、n、u、m 表示法是国际电工委员会推荐使用的方法,是用多位数和字母表示电容量,后缀字母表示误差,单位是法[拉](F)。例如:1nK 表示 $1 \times 10^{-9} = 1\,000$ pF,误差±10％;1n5J 表示 $1.5 \times 10^{-9} = 1\,500$ pF,误差±5％等。

以上 4 种电容器的标注法是目前常用的方法,其中还有一些内容未能标明,如温度系数、绝缘电阻、介质损耗等参数,在一般情况下都不能标注在电容上,需要这些参数时,应注意元件大包装上的说明,或者去查看更详细的相关资料。

2.2.4　可变电容

可变电容由两组相互平行的金属板组成,其中一组平行片可以旋转进入另一组平行片的空隙内,可旋转一组被称为动片,旋转角一般为 180°,另一组则被称为定片。随着旋转,两组平行片的相对面积会发生变化,从而使可变电容的容量有所变化。

在动片与定片之间无其他介质的电容称为空气可变电容;若加入介质,则随介质的名称来称呼电容,如通常使用低损耗的固体有机薄膜作为介质的可变电容就被称为有机薄膜可变电容。

由一组动片和一组定片组成的可变电容叫作单联,由两个单联组成的可变电容叫双联,依此类推,图 2 - 15 展示了几种常见的可变电容。仪器设备中多使用单联;AM 收音机或 FM 收音机中使用双联;FM/AM 收音机中则需要用四联。

图 2 - 15　几种常见的可变电容

多联可变电容按其各联最大电容量是否相等可分为等容(双联或四联)和差容(双联或四联)两种;按可变电容的容量随旋转角度而变化的特性又有直线式和对数式两种。表 2 - 13、表 2 - 14 和表 2 - 15 分别列出了一些可变电容的型号及特性。

表 2 - 13　有机薄膜可变电容特性

型　号	电容量/pF	耐压/V	绝缘/MΩ	损耗角	长×宽×高/mm³	用　途
CBM - 226D	5～126				16×16×10.7	晶体管; AM 收音机
CBM - 202B (CBM - 2X - 270) (CBG - 2X - 270)	7～270				25×25×17	
CBM - 242B	7～270					晶体管; AM 收音机
CBM - 223P (CBM - 2X - 60)	7～59 和 7～141	70～100	>100	$tg\delta \leqslant$ 0.002	20×20×12	高级 AM 机
CBG - 3X - 340	10～340				30×30×28	
CBM - 443BF	7～260 和 5～20				20×20×19	晶体管; AM/FM 收音机
CBG - 4X - 270	5～21 和 7～272				20×20×20.5	

表 2 – 14　空气介质可变电容特性

型　号		电容量/pF	耐压/V	绝缘/MΩ	损耗角	用　途
常规尺寸	CB – 1 – 365	12～365	350～500	250	较小	简易 AM 收音机
	CB – 2 – 365	12～365(双联)				
	CB – 2 – 465	12～465(双联)				AM 收音机、仪器
	CB – 2 – 495A	12～495(双联)		200		
	CB – 3 – 495	12～495(三联)	500	1 000		高级 AM 收音机
小型	CB – X – 365	12～365	200	250	tgδ ≤0.03	简易 AM 收音机
	CB – 2X – 19/A	3～20(双联)	250	1 000		FM 收音机
	CB – 2X – 250	12～250；12～290(双联)	400	500		晶体管 AM 收音机
	CB – 3X – 340	12～340(三联)		500		高级 AM 收音机
	CB – 4X – 340	12～354(双联)；6～26(四联)	300	1 000		高级 AM/FM 收音机

表 2 – 15　微调电容特性

型　号	电容/pF	绝缘/MΩ	损耗角	耐压/V	备　注
CCW1 – 1	2～7,4.5～20,5～15,15～47	1000	tgδ < 0.003	500	圆片、瓷介
CCW1 – 2	6～51,20～100				
CCWX – 1	3～10,5～20				小型、圆片、瓷介
CCW3 – 1	7～25,13～47				
CCWX – 2	3～10,5～20				
CCW3 – 2	7～25				
CCWX – 3	3～10,5～20				小型、圆片、瓷介，可悬挂安装
CCW3 – 3	7～25				
CCWX – 4	3～10,5～20				
CCW3 – 4	7～25				
CCWT	2～7,3～10			250	超小型瓷介
CCW7	4～15,5～20				
CCXW	3～15,5～20			250 有效值	线绕瓷介
CCXW – 2	7～30,10～40				
CWG – 2 – 18	2～18			150	固体介质、双联式
CWG – 4 – 9	4～9			250	固体介质、四联式
CWG – X – 3	2～3			250	AM 收音机短波微调用

　　表 2 – 15 中的可变电容由于可调范围小,且在电路中只起微调作用,故也被称作"半可变电容"或"微调电容"。

2.2.5　电容的测量

对小于 1 μF 的电容用三用表的×1 kΩ 档检测时,若呈开路状态,则该电容基本可以确定是好的。

对于大于 1 μF 的电容,用三用表检测时,应有明显的充电现象,这种现象在三用表上的表现是:当表笔刚接触到电容的两条引脚时,表针会有明显的偏转,随后又回到无穷大的位置,电容的容量越大,表针偏转的幅度就越大,回摆的速度也越慢。

造成这种现象的原因在于三用表的内部有一节电池,电池和表的内阻构成了一个具有内阻的电源(两支表笔是输出端,黑表笔是电源的正极,红表笔是负极)。当表的黑笔接电容的正极、红笔接电容的负极时,表内的电池将通过自身的内阻向电容充电,使得表头内有电流流过,所以表针会发生偏转,随着电容内电荷的增加,电容两端的电压也会升高,充电电流减小,直至为零。表针的偏转幅度也逐渐变小,直至回到无穷大位置。

一般来说,电解电容的漏电流与其容量成正比,容量越大,漏电流也越大,表针不能回到无穷大时所指示的电阻值通常被称作电容的直流电阻,这个电阻应不小于500 kΩ。

2.3　电感器

电感器是由电磁线在特定的模子上绕制而成的,其量纲是亨利,用字母 H 表示,在电路中用字母 L 表示电感器元件,符号如图 2 - 16 所示。图 2 - 17 展示了几种常用的电感器。

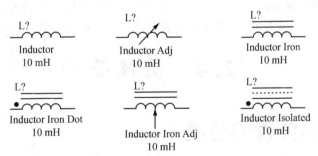

图 2 - 16　电感器符号

电感器包含以下几个要素。

(1) 电感器对交流电流呈现的阻碍作用称为感抗(X_L),其计算公式为:

$$X_L = 2\pi f L$$

上式中,f 的单位为赫兹(Hz),L 的单位为亨利(H),则感抗的单位是欧姆(Ω)。

图 2 - 17　几种常用的电感器

（2）在纯感性电路中，电流比电压的相位滞后 90°。

（3）描述电感器品质的参数称为 Q 值，其计算公式如下：

$$Q = X_L / R$$

上式中，R 是电感器的有效电阻，这个电阻由多种因素组成，主要包括导线的直流电阻、骨架的介质损耗、线圈的分布电容等。

（4）由于线圈内的磁性材料有所不同，电感器又有高频电感器和低频电感器之分。高频电感器的磁性材料是铁氧体；低频电感器的材料是硅钢片。前者可用于几百兆赫兹；后者只能工作在几十赫兹的环境中。

由于电感器不属于国标通用产品，在此不再详细介绍，非电子专业学生有一般了解即可。

使用三用表检测电感器时，被测电感器应处于导通状态，或仅有很小的阻值；或用数字电桥测量，选择 L 档位，有关电桥仪器的详细说明将在第 4 章中进行介绍。

2.4　晶体管

2.4.1　晶体管的分类

晶体管可以按照电极数量、功率、功能和材料进行分类，如图 2 - 18 所示。部分晶体管的外形图如图 2 - 19 所示，图 2 - 20 展示了二极管的电路符号。

按电极数目分类 { 二极管 / 三极管

按功率分类 { 大功率——1 W 以上 / 中功率——1/2～1 W / 小功率——1/2 W 以下

按功能分类 { 普通管 / 开关管 / 高频管 / 低频管 / 稳压管 / …… }

按材料分类 { 硅材料 / 锗材料 / 砷化镓材料 / 锑化铟材料 }

图 2 - 18　晶体管分类图

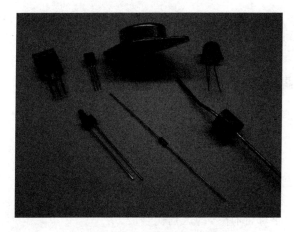

图 2 - 19　部分晶体管外形图

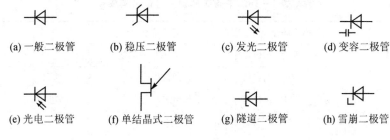

(a) 一般二极管　　(b) 稳压二极管　　(c) 发光二极管　　(d) 变容二极管

(e) 光电二极管　　(f) 单结晶式二极管　　(g) 隧道二极管　　(h) 雪崩二极管

图 2 - 20　二极管电路符号

2.4.2　晶体管的主要参数

(1) 二极管的主要参数

二极管的主要参数包括最高反向工作电压、最大工作电流、最高工作频率和极间电容。

(2) 三极管的主要参数

三极管的主要参数包括集电极最大耗散功率(P_{CM}),最大集电极电流(I_{CM}),反向击穿电压(BV_{CEO} 和 BV_{CBO}),C、E 间饱和压降(V_{CES}),电流放大系数(h_{FE}),共射截止频率(f_T),共基截止频率(f_α),以及噪声系数(N_F)。

以上参数都是在使用晶体管时会经常用到的参数,要求非电子专业的学生在实习时掌握并记住这些参数符号及其所表示的内容。

2.4.3　晶体管的命名方法

(1) 我国晶体管的命名方法

我国对晶体管型号的命名由 5 个部分构成:

第一部分——数字,表示晶体管电极数目;

第二部分——字母,表示极性与材料;

第三部分——字母,表示器件的类型;

第四部分——数字,表示生产序号;

第五部分——字母,同序号的区别代号。

具体内容见表 2-16

表 2-16　中国晶体管型号命名构成

第一部分	第二部分		第三部分		第四部分	第五部分
	字　母	极性与材料	字　母	器件的类型		
2	A	N 型　锗材料	P	普通管	数字	字母
	B	P 型　锗材料	V	微波管		
	C	N 型　硅材料	W	稳压管		
	D	P 型　硅材料	C	参量管		

第一部分	第二部分		第三部分		第四部分	第五部分
	字 母	极性与材料	字 母	器件的类型		
3	A	PNP 锗材料	Z	整流管	表示生产序号	区别同序号的不同档次
	B	NPN 锗材料	L	整流堆		
	C	PNP 硅材料	S	隧道管		
	D	NPN 硅材料	N	阻尼管		
	E	化合物材料	U	光电器件		
			K	开关管		
			X	低频小功率管		
			G	高频小功率管		
			D	低频大功率管		
			A	高频大功率管		
			T	可控硅(闸流管)		
			Y	体效应器件		
			B	雪崩管		
			J	阶跃恢复管		
			CS	场效应管		
			BT	特殊器件		
			FH	复合管		
			PIN	PIN 器件		
			JG	激光器件		

注：① 上表中高频管和低频管的界限早期定在 3 MHz,现在这一界限已不再适用。

　② 早期的场效应管用 3DO—、3DJ—表示,现已不用。例如:2AP9 表示"普通二极管、生产序号为 9";3DG6 表示"NPN 型高频小功率三极管、序号 6";3DD15D 表示"NPN 型低频大功率三极管、序号 15,D 档";2CW7 表示"硅材料稳压二极管";3AK10 表示"PNP 型锗材料开关三极管、序号 10"。

(2) 日本晶体管的命名方法

日本对晶体管的命名也是由 5 个部分构成:

第一部分——数字,表示 PN 结的个数;

第二部分——S,表示在日本电子工业协会注册;

第三部分——字母,表示器件的极性和类型;

第四部分——多位数,表示登记号;

第五部分——字母，表示同号的改进型。

具体内容见表 2-17。

表 2-17 日本晶体管命名构成

第一部分		第二部分	第三部分		第四部分	第五部分
数 字	表示 PN 结		字 母	极性与类型		
0	光电器件	S 数字 表示 在日本 电子 工业 协会 注册	A	PNP 高频	数字表示 在日本电 子工业协 会注册时 的登记号	改进符号
1	二极管		B	PNP 低频		
2	三极管		C	NPN 高频		
3	三 PN 结管		D	NPN 低频		
			F	P 控制极可控硅		
			G	N 基极单结晶体管		
			J	P 沟道场效应管		
			K	N 沟道场效应管		
			M	双向可控硅		

注：由于日本晶体管命名方法的第一部分和第二部分内容是固定的，所以有时将其省略。例如：
2SA733（A733）表示"PNP 高频三极管"；2SC945（C945）表示"NPN 高频三极管"。

(3) 美国晶体管的命名方法

美国对晶体管的命名方法不统一，在此仅介绍美国电子工业协会（EIA）规定的命名方法，该方法也是由 5 个部分构成：

第一部分——符号（JAN），表示军品，无此符号为民品；

第二部分——数字，表示 PN 结数；

第三部分——N，表示在 EIA 注册；

第四部分——多位数，表示注册登记号；

第五部分——字母，表示同号的改进型。

这种表示方法不能反映晶体管的基本参数，所以使用时还需查阅有关手册。

(4) 国际电子联合会的命名方法

国际电子联合会命名方法被欧洲许多国家采用，该方法由 4 个部分构成：

第一部分——字母，表示材料；

第二部分——字母，表示类别和主要特性；

第三部分——数字，表示登记号；

第四部分——字母，表示同号的改进型。

详细内容见表 2-18。

表 2 − 18　国际电子联合会晶体管命名方法构成

第一部分		第二部分		第三部分	第四部分
字　母	材　料	字　母	类型和特性		
A	锗材料	A	检波、开关、混频三极管	数字表示登记号。三位数表示通用器件,三位数加一个字母表示专用器件	同类器件的分档标记
B	硅材料	B	变容二极管		
C	砷化镓	C	低频小功率三极管		
D	锑化铟	D	低频大功率三极管		
R	复合材料	E	隧道二极管		
		F	高频小功率三极管		
		G	复合器件		
		H	磁敏二极管		
		K	开放磁路中的霍尔器件		
		L	高频大功率三极管		
		M	封闭磁路中的霍尔器件		
		P	光敏器件		
		Q	发光器件		
		R	小功率可控硅		
		S	小功率开关管		
		T	大功率可控硅		
		U	大功率开关管		
		X	倍增二极管		
		Y	整流二极管		
		Z	稳压二极管		

注：① 稳压管的最后还加缀字母 A、B、C、D、E,表示误差,其后的数字是该管的稳压值。
　　② 整流管的后缀数字表示最大耐压。例如:AF239S 表示"锗材料、高频小功率三极管";BCP107 表示"硅材料、低频小功率三极管"。

2.4.4　晶体管的测量

(1) 三用表检测二极管

用机械式三用表检测二极管时,将表置于电阻档的×1 kΩ 位置,将黑表笔接在二极管的正极,红表笔接在负极,此时表针大约应偏转至满量程的 2/3 处,反之表针不动,则此二极管具有单向导电特性(见图2-21)。保持表与二极管的正向接法,同时将三用表的电阻档位依次换成×100、×10、×1,若每次换档时表针偏转的位置均没有明显的大幅度改变,则二极管的正向特性曲线也是好的。

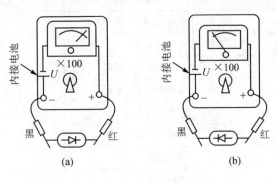

图 2-21　二极管极性测量

(2) 三用表检测三极管

此处以 NPN 型三极管为例,说明检测步骤。

三极管各管脚的判定:将黑表笔接在管子假设的基极上,用红笔分别接至另外两脚,若都导通(呈二极管的正向特性),则基极是真的。再将黑表笔接至假设的集电极;红笔接至假设的发射极,用手指(或舌尖)连接 C、B 两极,若三用表的表针有明显的偏转(位于三用表满量程的 1/4～1/3 处),则 C 极真,E 极也真,且晶体管是好的。

PNP 型管的判定方法参照上述内容,只需将三用表的两支表笔反过来用即可。

2.5　集成芯片

集成芯片可以按照制作工艺、集成规模和功能进行分类。按照制作工艺的不同,集成芯片可分为厚膜集成电路、薄膜集成电路、半导体集成电路和混合集成电路;按照规模的不同,集成芯片可分为小规模集成电路、中规模集成电路、大规模集成电路和超大规模集成电路;按照功能的不同,集成芯片可粗略地分为数字集成电路模拟集成电路和微波集成电路。大致分类可参考图2-22。图2-23展示了几种集成芯片的外形。

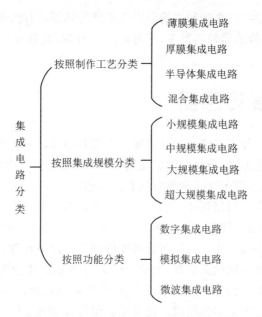

图 2 – 22　集成电路分类图

图 2 – 23　几种集成芯片外形图

2.6　传感器

国家标准 GB 7665—87《传感器通用术语》对传感器的定义是："能感受规定的被测量量并按照一定的规律转换成可用信号的器件或装置,通常由敏感元件和转换元件组成。"

随着科学技术的发展,检测技术已应用于人类科研、生产、生活等活动中。检测技术既是服务于其他学科的工具,又是综合运用多门其他学科最新成果的尖端技术。因此,监测技术的发展是科学技术和生产发展的重要基础,也是一个国家生产力发展和现代化程度的重要标志。而研究检测技术的进步总是从检测新方法和新对象的方向考虑。但不论是检测方法的更新还是检测对象的扩展,都与传感器的开发有着密切的联系,也就是说检测技术的发展离不开对传感器的开发。鉴于传感器具有如此重要的作用,我们在实习、生产和生活中也离不开传感器,因此,本书对常用传感器加以介绍,但是现实中传感器种类繁多,不可能一一赘述,此处仅对以下几类进行简单介绍。

2.6.1　温度传感器

温度传感器是一种可检测和测量热度及冷度并将其转换为电信号的设备。温度传感器有气体温度传感器、蒸汽压力温度传感器、金属电阻温度传感器、铂电阻温度传感器、半导体电阻温度传感器和热电偶温度传感器。

气体温度传感器是根据气体的状态方程转换测量的,如果气体的摩尔量保持不变,可以通过测量压力计算出温度。不过气体传感器在低温下测量结果准确,但在高温下就需要进行一些修正了。蒸汽压力温度传感器的测量机理是液体的饱和蒸汽压随温度的变化表现出一定的关联性,因此可以通过测量液体的饱和蒸汽压推算出环境温度。金属电阻温度传感器是基于金属的电阻和温度之间的关系进行检测和测量,一般来说,金属的电阻和温度成正比关系。但是温度在 20 K 以下时,纯金属电阻只剩下残余电阻,与温度关系不大,因此在该温度范围内纯金属电阻温度传感器不可使用。而铂电阻温度传感器在 20～800 K 温度范围内精度高,可重复性好。半导体电阻温度传感器有锗温度传感器、碳电阻温度传感器和碳-玻璃电阻温度传感器。热电偶是我们最为熟悉的温度传感器,广泛应用于不同温度的测量中,但是需要实时校正。

2.6.2　湿度传感器

湿敏元件是最简单的湿度传感器,主要有电阻式和电容式两大类,除此之外还有电解质离子型湿敏元件、重量型湿敏元件、光强型湿敏元件和声表面波湿敏元件等。湿敏电阻是在基片上覆盖一层感湿材料制成的膜,当空气中的水蒸气吸附在感湿膜上时,元件的电阻率和电阻值都会发生变化,利用这一特性即可测量湿度。湿敏电容一般是用高分子薄膜电容制成,常用的高分子材料有聚苯乙烯、聚酰亚胺等。较为广泛应用的湿度传感器有氯化锂湿度传感器、碳湿敏元件、氧化铝湿度计和陶瓷湿度传感器等。

2.6.3　气体传感器

气体传感器是一种将气体成分、浓度等信息转换成可以被人员、仪器仪表、计算机等利用的信息的装置,通常用于检测气体的类别、浓度和成分。气体传感器的种类有很多,分类方法也有所不同,按照气体传感器材料的不同可分为半导体型和非半导体型。较为广泛应用的气体传感器有半导体型气体传感器、固体电解质气体传感器、电化学传感器、光学气体传感器等。

半导体型气体传感器在气体传感器中约占 60％，根据其机理分为电阻型和非电阻型半导体气体传感器。电阻型半导体气体传感器是将气体浓度的变化转换为电阻阻值变化的传感器，典型的材料有 SnO_2、ZnO 等。其工作原理是传感器和空气中电子亲和性大的气体发生反应形成吸附氧束缚晶体中的电子，使器件处于高阻状态，当它与被测气体接触时，气体与吸附氧发生反应，元件表面电导增加，电阻减小。非电阻型气体传感器的典型代表是气敏二极管，该种传感器利用气体改变二极管的整流特性，将金属与半导体结合做成整流二极管，其整流作用来源于金属和半导体功函数的差异，随着功函数因吸附气体而发生变化，其整流作用也随之改变。

固体电解质气体传感器分为阳离子传导和阴离子传导，是选择性强的传感器，被较多研究并达到实用化的是氧化锆固体电解质传感器，其机理是利用隔膜两侧两个电池之间的电位差等于浓差电池的电势。稳定的氧化锆固体电解质传感器已成功地应用于对钢水中氧的测定和对发动机空燃比的成分测量等。

光学式气体传感器包括光谱吸收型传感器、荧光型传感器、光纤化学材料型传感器等。光谱吸收型传感器的工作原理是：不同的气体物质由于分子结构不同、浓度不同以及能量分布存在差异而各自具有不同的吸收光谱。荧光型传感器是指气体分子受激发光照射后处于激发状态，在返回基态的过程中发出荧光。由于荧光强度和待测气体的浓度呈线性关系，可通过测试荧光强度来测量气体的浓度。光纤化学材料型传感器是在光纤的表面或端面涂上一层特殊的化学材料，而该材料与一种或几种气体接触时引发光纤的耦合度、反射系数、有效折射率等诸多性能参数发生变化，通过测定这些参数以转换计算出气体的浓度。

实训练习：常用电子元器件的识别

完成对实习过程中所用元件的识别和测量训练。

（1）电阻的识别

下列标称值电阻如何用四环（误差±10％）表示法的色环表示？

① 10K（　　）

A. 棕黑橙银　　　　　　　　　　B. 棕黑红银

② 2K7（　　）

A. 红紫橙银　　　　　　　　　　B. 红紫红银

下列标称值电阻如何用五环（误差±1％）表示法的色环表示？

③ 8K2（　　）

A. 灰红黑棕棕　　　　　　　　　B. 灰红黑红棕

④ 220M（　　　）

A. 红红黑蓝棕　　　　　　　　B. 红红黑橙棕

⑤ 56K（　　　）

A. 绿蓝黑红棕　　　　　　　　B. 绿蓝黑黑棕

下列用四环表示的电阻标称值分别是多少？

⑥ 红红橙银（　　　）

A. 2.2K,误差±10%　　　　　　B. 22K,误差±10%

⑦ 棕红红银（　　　）

A. 12K,误差±10%　　　　　　B. 1.2K,误差±10%

下列用五环表示的电阻标称值分别是多少？

⑧ 棕灰黑棕棕（　　　）

A. 180Ω,误差±1%　　　　　　B. 1K8,误差±1%

⑨ 橙白黑红棕（　　　）

A. 39K,误差±1%　　　　　　B. 3.9K,误差±1%

（2）电容的识别

下列用数码表示法表示的电容量是多少？

⑩ 203J（　　　）

A. 0.02 μF,误差±5%　　　　　B. 0.2 μF,误差±5%

⑪ 221K（　　　）

A. 221 pF,误差±10%　　　　　B. 220 pF,误差±10%

下列用无单位直接表示法表示的电容量是多少？

⑫ 1100K（　　　）

A. 1 100 pF,误差±10%　　　　B. 110 pF,误差±10%

⑬ 0.25M（　　　）

A. 0.25 μF,误差±20%　　　　B. 0.25 μF,误差±10%

下列用 p、n、u、m 表示法表示的电容量是多少？

⑭ 2nK（　　　）

A. 2 000 pF,误差±10%　　　　B. 200 pF,误差±10%

⑮ 2n5J（　　　）

A. 250 pF,误差±5%　　　　　B. 2 500 pF,误差±5%

第3章 常用电子元器件封装

电子元器件封装是电子设备制造过程中的关键环节,是将硅片上的电路引脚用导线接引到外部接头处,封的形式相当于安装半导体集成电路芯片所用的外壳。封装是沟通芯片内部世界与外部电路的桥梁,如果没有封装,芯片会如裸露的心脏一般无比脆弱,甚至可能连最基础的电路功能都无法实现。电子元器件封装主要起到固定、密封、连接其所涉及的元器件与印刷电路板(PCB)、散热以及保护等功能。随着电子技术的不断发展,电子元器件封装类型越来越多,从而来满足各种应用场景的需求。本章将从电子元件封装的定义和分类、常见的封装形式以及封装的发展趋势三个层面展开详细介绍。

3.1 元件封装的定义和分类

元件封装是指将电子元件封装成符合一定标准的外壳,以便于安装和使用。封装可以起到保护元件、引出引脚、传导热量等作用。一个好的封装设计可以提高元器件的性能、可靠性和生产效率。

元件封装可以根据封装的形式、材料和体积进行分类。按照封装材料的不同可划分为金属封装、陶瓷封装、塑料封装;按照与 PCB 板连接方式的不同可分为通孔式(Pin through Hole,PTH)和表面贴(Surface Mount technology,SMT)装式;按照封装外形的不同可分为贴片型小功率晶体管封装(SOT)、方型扁平无引脚封装(QFN)、方型扁平式封装(QFP)、球栅阵列封装(BGA)、芯片尺寸封装(CSP)等。常见的封装形式包括贴片封装、插件封装和球栅阵列封装等。贴片封装是将元器件直接焊接在电路板上,具有尺寸小、体积小、重量轻的特点,适用于高密度集成电路的封装,目前市面上大部分集成电路采用 SMT 封装方式。插件封装是将元器件插入电路板上的焊盘孔中,适用于多种类型的元器件封装。球栅阵列封装是一种高密度封装形式,其引脚以球形排列,适用于高速、大容量集成电路的封装。

封装的材料主要有塑料、陶瓷、玻璃和金属等。其中塑料封装是最常见的封装形式,该形式成本低、可靠性高,适用于大多数的电子元器件,占有绝大部分的市场份额。陶瓷封装由于具备良好的耐高温和导热性能,适用于高功率、高频率的元器件,军品和民品中均有使用。金属封装由于具备良好的屏蔽性能和散热性能,适用于一些对外界干扰和散热要求比较高的元器件,主要用于军用或航天技术领域,无商业化产品。

封装体积最大的是厚膜电路,而后依次是双列直插式封装、单列直插式封装、金属封装、双边扁平封装、四边扁平封装。

封装设计应遵循以下基本原则。

（1）符合元器件的特性和功能要求。封装应根据元器件的电气、热学和机械特性来确定，以确保元件在工作过程中能够正常运行。

（2）尺寸合适。封装的尺寸应适合元器件的外形和引脚布局，以便于元器件的安装和使用；同时，还要考虑到元件的集成度和散热需求。

（3）引脚布局合理。封装的引脚布局应符合元器件的引脚功能和连接要求，以便与其他元器件进行连接。引脚的数量和间距应满足焊接工艺的要求。

（4）散热设计良好。一些功率较大的元器件在工作过程中会产生较多的热量，封装应具有良好的散热设计，以确保元器件的温度控制在安全范围内。

（5）制造工艺可行。封装的设计应考虑到制造工艺的要求，以便于生产和组装。对封装形式和材料的选择应符合制造工艺的要求，以提高生产效率和降低成本。

表 3-1 介绍了电子元器件封装的发展历程，图 3-1 展示了封装发展历程中各阶段相应封装所对应的示意图。

表 3-1　电子元器件封装发展历程

阶　段	时　间	封装形式	典型的封装形式
第一阶段	20 世纪 70 年代	通孔插装型封装	晶体管封装（TO）、陶瓷双列直插封装（CDIP）、塑料双列直插封装（PDIP）、单列直插式封装（SIP）等
第二阶段	20 世纪 80 年代	表面贴装型封装	带引线的塑料芯片载体封装（PLCC）、塑料四角扁平封装（PQFP）、小外形封装（SOP）、方形扁平无引角封装（PQFN）、双边扁平无引脚封装（DFN）、小外形晶体管封装（SOT）等
第三阶段	20 世纪 90 年代	球栅阵列封装（BGA）	塑料焊球阵列封装（PBGA）、陶瓷焊球阵列封装（CB-GA）、带散热器焊球阵列封装（EBGA）、倒装芯片焊球阵列封装（FC-BGA）
			晶圆级封装（WLP）
		芯片尺寸封装（CSP）	引线框架型 CSP 封装、柔性插入板 CSP 封装、刚性插入板 CSP 封装、圆片级 CSP 封装
第四阶段	21 世纪 00 年代	多芯片组件封装（MCM）	多层陶瓷基板 MCM（MCM-C）、多层薄膜基板 MCM（MCM-D）、多层印刷板 MCM（MCM-L）
			系统级封装（SIP）
			三维立体（3D）封装
			芯片上制作凸点（Bumping）

续表 3 - 1

阶　段	时　间	封装形式	典型的封装形式
第五阶段	21 世纪 10 年代	微电子机械系统封装(MEMS)、晶圆级系统封装-硅通孔(TSV)、倒装芯片 封装(FC)、表面活化室温连接(SAB)、扇出型集成电路封装(Fan - out)、扇 入型集成电路封装(Fan - in)等	

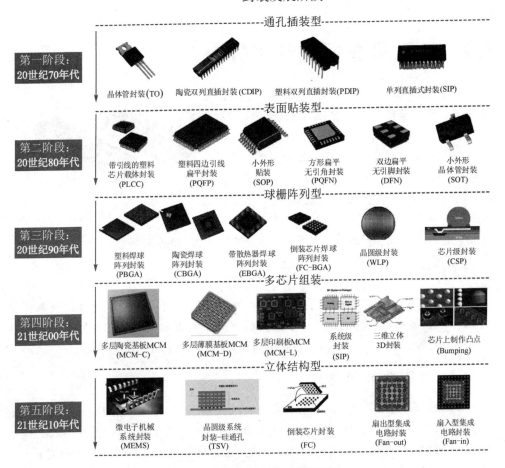

封装发展阶段

图 3 - 1　相应封装所对应的示意图

电子封装从制造过程上可以分为 4 级、6 层次。层次 1 为零级封装,层次 2 为一级封装,层次 3 为二级封装,层次 4、层次 5、层次 6 为三级封装。完全没有经过后续加工的裸芯片属于典型的零级封装,但是裸芯片很难直接应用于工程实际中。一级封装可分为两类,即单芯片封装和多芯片模块封装。二级封装是将多层次单芯片或多芯片安装在 PCB 等多层基板上,基板周边设有插接端子,用于和母板、其他板和卡的电气连接。三级封装则包含单元组装、多单元搭装成架、单元间用电缆或布线连接以及总装。狭义的封装一般指一级封装和二级封装。

3.2　直插式元件封装

直插式封装属于线性封装，而线性封装是最早期的元器件封装形式，主要应用于通孔插件（THT）技术。线性封装元器件具有较大的体积和引脚间距，易于手工操作和维修。

3.2.1　双列直插式封装（DIP）

双列直插式封装（Dual In - line Package, DIP）是一种双排直插式封装，引脚呈现两排并列的排列方式，如图 3 - 2 所示，最早的 DIP 封装元件是由仙童半导体公司的布赖思特·巴克·罗杰斯（Bryant Buck Rogers）在 1964 年时发明的，在表面贴装技术问世之前的十年里，DIP 封装一直是最为普及的插装式封装，广泛

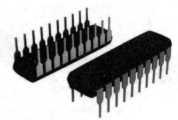

图 3 - 2　DIP 封装

应用于集成电路、电阻、电容等元器件，如运算放大器、微控制器等。

（1）结　构

双列直插式封装芯片的封装一般是由塑胶或陶瓷制成。陶瓷封装的气密性良好，常用于需要高可靠度的设备。不过大部分的双列直插式封装芯片使用的都是热固性树脂塑胶。一个不到 2 min 的固化周期，可以生产上百个的芯片。

（2）引脚数及间距

常用的 DIP 封装符合国际半导体器件标准机构（Joint Electronic Device Engineering Council, JEDEC）标准，二引脚之间的间距（脚距）为 0.1 in（2.54 mm）。二排引脚之间的距离（行间距，row spacing）则依引脚数而定，最常见的是 0.3 in（7.62 mm）或 0.6 in（15.24 mm）。其他较少见的距离有 0.4 in（10.16 mm）或 0.9 in（22.86 mm），也有一些包装是脚距 0.07 in（1.778 mm），行间距则为 0.3 in、0.6 in 或 0.75 in。苏联及东欧国家使用的 DIP 封装大致接近 JEDEC 标准，但脚距使用公制的 2.5 mm，而不是英制的 0.1 in（2.54 mm）。DIP 封装的引脚数恒为偶数。若行间距为 0.3 in，常见的引脚数为 8～24，偶尔也会看到引脚数为 4 或 28 的包装。若行间距为 0.6 in，常见的引脚数为 24、28、32 或 40，也有引脚数为 36、48 或 52 的包装。摩托罗拉 68000 及 Zilog Z180 等 CPU 的引脚数为 64，这是常用 DIP 封装的最大引脚数。

(3) 方向和引脚编号

当元件的识别缺口朝上时,左侧最上方的引脚为引脚 1,其他引脚则以逆时针的顺序依序编号。有时引脚 1 也会以圆点作为标示,例如 DIP14 的集成电路,识别缺口朝上时,左侧的引脚由上往下依序为引脚 1～7,而右侧的引脚由下往上依序为引脚 8～14。

(4) 特　点

DIP 封装适合在 PCB 上穿孔焊接,操作方便。芯片面积与封装面积的比值较大,故体积也较大。最早的 4004、8008、8086、8088 等 CPU 都采用了 DIP 封装,通过其上的两排引脚可插入主板上的插槽或焊接在主板上。在内存颗粒直接插在主板上的时代,DIP 封装形式十分流行。DIP 封装还有一种派生方式——紧缩双入线封装(Shrink DIP,SDIP),这种方式比 DIP 封装的针脚密度要高 6 倍。

(5) 用　途

采用 DIP 封装方式的芯片有两排引脚,可以直接焊在有 DIP 结构的芯片插座上或焊在有相同焊孔数的焊位中。其特点是可以很方便地实现 PCB 板的穿孔焊接,和主板有很好的兼容性。但是由于其封装面积和厚度都比较大,而且引脚在插拔过程中很容易被损坏,导致可靠性较差。同时,这种封装方式由于受工艺的影响,引脚一般都不超过 100 个。随着 CPU 内部的高度集成化,DIP 封装很快退出了历史舞台,只有在老的 VGA/SVGA 显卡或 BIOS 芯片上才可以看到它们的"足迹"。

3.2.2　单列直插式封装(SIP/SIL)

单列直插式封装(Single In - line Package,SIP/SIL,欧洲半导体厂家多采用 SIL 简称,为避免与后面系统级封装 SIP 混淆,此处也采用 SIL 简称),引脚从封装的一个侧面引出,排列成一条直线,如图 3 - 3 所示。引脚中心距通常为 2.54 mm,引脚数范围为 2～23,通常为定制产品。SIL 封装不受电路板布局和功能增加的限

图 3 - 3　单列直插式封装

制,能将性能不同的有源或无源元件集成在一种集成电路芯片上,满足产品的需求。

3.3　表面贴装式元件封装(SMT)

表面贴装封装(SMT)是为了适应自动化生产和微型化趋势而发展起来的封装

形式。表面贴装元器件的体积和引脚间距较小,适用于高密度的电路设计。常见的表面贴装封装有 PLCC 封装、QFP 封装、PQFP 封装、SOP 封装、QFN 封装、DFN 封装和 SOT 封装七种。

3.3.1 带引线的塑料芯片载体封装(PLCC)

带引线的塑料芯片载体封装技术(Plastic Leaded Chip Carrier,PLCC)属于表面贴装型封装,引脚从封装的四个侧面引出,呈"丁"字形,如图 3 - 4 所示,外形尺寸比 DIP 封装小很多,可靠性高。由于这种封装的引脚在芯片底部向内弯曲,需要专用的焊接设备,采用回流焊技术进行焊接,在调试时拆解芯片比较麻烦,所以这种封装方式现在已很少使用。

3.3.2 方型扁平式封装(QFP)

方型扁平式封装(Quad Flat Package,QFP)的特点是芯片引脚间距离很小,管脚很细,外形较小(如图 3 - 5 所示),可靠性高,适用于大规模或超大规模集成电路的封装,封装引脚数一般超过 100。

图 3 - 4   PLCC 封装   图 3 - 5   QFP 封装

3.3.3 塑封四角扁平封装(PQFP)

塑封四角扁平封装(Plastic Quad Flat Package,PQFP)也是属于表面贴装封装的一种,其芯片引脚间距很小,管脚很细(如图 3 - 6 所示),引脚数一般超过 100,适用于大规模或超大规模集成电路。

3.3.4 小外形封装(SOP)

小外形封装(Small Out - line Package,SOP)是一种常见的表面贴装型封装技术,引脚从封装两侧引出,呈海鸥翼状(L 型),如图 3-7 所示,封装材料有塑料和陶瓷两种。SOP 封装的特点是在封装芯片的周围有很多引脚,操作比较方便,可靠性比较高,属于真正的系统级封装,是目前主流的封装方式之一,主要应用于存储器类型集成电路的封装。

图 3-6　PQFP 封装　　　　　　　图 3-7　SOP 封装

SOP 封装技术是飞利浦公司于 1968—1969 年间开发的,此后派生出了一系列封装,如 J 型引脚小外形封装(SOJ)、薄小外形封装(TSOP)、甚小外形封装(VSOP)、缩小型 SOP(SSOP)、薄的缩小型 SOP(TSSOP)、小外形晶体管(SOT)和小外形集成电路(SOIC)。

3.3.5　方形扁平无引脚封装(QFN)

方形扁平无引脚封装(Quad Flat No-lead Package,QFN),如图 3-8 所示,采用了无引线四方扁平封装技术,具有外设终端垫以及用于机械和热量完整性暴露的芯片垫,封装的四侧配置有电极触点,贴装面积比 QFP 小,高度比 QFP 低,可用于笔记本电脑、数码相机、移动电话等便携式消费电子产品。

3.3.6　双边扁平无引脚封装(DFN)

双边扁平无引脚封装(Dual Flat No-lead Package,DFN)属于 QFN 封装的延伸封装。DFN 封装的管脚分布在封装体两边且整体外观为矩形,如图 3-9 所示。DFN 封装是一种无引脚的封装形式,采用先进的双边或方形扁平无铅封装,仅两侧有焊盘,具有较高的灵活性,能够有效提升用户生产效能,降低由人工干预造成的应用问题。DFN 平台可以让一个或多个半导体器件在无铅封装内连接。DFN 封装的典型主体尺寸长度通常介于 2~7 mm,焊盘间距通常为 0.5~0.95 mm,常应用于印刷电路板(PCB)的安装垫、阻焊层和模板样式设计以及组装过程中。

3.3.7　小外形晶体管封装(SOT)

　　小外形晶体管(Small Out - line Transistor,SOT)封装(如图3-10)为贴片型小功率晶体管封装,是 SOP 封装的一种,具有较小的尺寸和轻巧的外形,有 1.3 mm 和 1.6 mm 两种表面宽度类型,适用于空间受限的电子设备和高密度电路板的设计,通常适用于小型的半导体器件,如晶体管和集成电路等,引脚数一般小于 7。SOT 封装主要有 SOT23、SOT89、SOT143、SOT25(即 SOT23 - 5)等,后又衍生出 SOT323、SOT363/SOT26(即 SOT23 - 6)等类型,体积比 SOT23 更小。

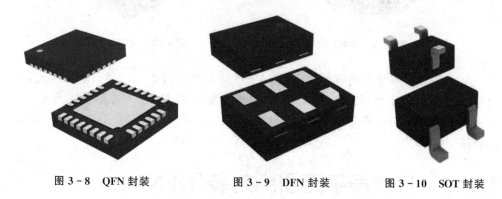

图 3 - 8　QFN 封装　　　　图 3 - 9　DFN 封装　　　　图 3 - 10　SOT 封装

3.4　球栅阵列型元件封装

3.4.1　球栅阵列封装(BGA)

　　球栅阵列封装(Ball Grid Array Pack-age,BGA)如图 3 - 11 所示,是 CPU、主板南北桥芯片等高密度、多引脚封装的最佳选择。BGA 封装的 I/O 引脚数比 QFP 封装要大,引脚之间的距离比 QFP 封装方式要远得多,成品率得到较大提升。这种封装方式在组装时采用共面焊接,大大提高了可靠性,用球栅阵列封装技术封装的

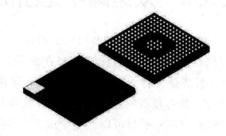

图 3 - 11　BGA 封装

CPU 信号传输延迟小,很好地提高了适应频率,但是 BGA 封装的功耗也不可避免地增加了,不过可采用可控塌陷芯片法焊接进而改善电热性能。

3.4.2　芯片尺寸封装(CSP)

随着技术的发展,人们越来越追求电子产品向个性化和轻巧化发展,封装技术也发展到了芯片尺寸封装(Chip Scale Package,CSP),减小了芯片封装外形的尺寸,实现了封装后的集成电路尺寸边长不大于芯片的 1.2 倍,IC 面积只比晶粒(Die)大不超过 1.4 倍。CSP 封装适用于内存条和便携电子产品等引脚数小的集成电路。

CSP 封装分为传统导线架形式封装、硬质内插板型封装、软质内插板型封装、晶圆尺寸封装。传统导线架形式封装的代表厂商有富士通、日立、高士达等;硬质内插板型封装代表厂商有摩托罗拉、索尼、东芝、松下等;软质内插板型封装的代表厂商有 Tessera 公司、CTS、通用电气(GE)和 NEC 等;晶圆尺寸封装是将整片晶圆切割为一颗颗的单一芯片,已投入研发的厂商有 FCT、卡西欧、富士通等。

3.4.3　带引脚的陶瓷芯片载体封装(CLCC)

带引脚的陶瓷芯片载体封装(Ceramic Leaded Chip Carrier,CLCC)的引脚从封装的侧面引出,呈"丁"字形,封装如图 3-12 所示,其中带有窗口的适用于封装紫外线擦除型可擦除可编程只读存储器(EPROM)以及带有 EPROM 的微机电路等。

图 3-12　CLCC 封装

3.5　多芯片封装

3.5.1　多芯片组件封装(MCM)

多芯片组件封装技术(Multi-Chip Module,MCM)是一种将多个芯片封装在同一个封装体内的集成封装技术。将多个不同功能的芯片,如处理器、传感器、存储器等封装在一个封装体内,芯片通过连接构成一个整体,实现了芯片的集成和协同工作,可节省空间和成本,在消费电子、通信、医疗、工业控制等领域被广泛应用。根据多层互连基板的结构和工艺技术的不同,MSM 可分为采用多层陶瓷基板的 MCM(MCM-C)、采用薄膜技术的 MCM(MCM-D)和采用片状多层基板的 MCM(MCM-L)。

MCM-C 为厚膜陶瓷型多芯片组件,封装如图 3-13 所示。MCM-C 基板采用的是共烧结陶瓷,有高温共烧结陶瓷(HTCC)和低温共烧结陶瓷(LTCC)两种。HTCC 工艺可将难熔金属钨(W)、钼(Mo)、锰(Mn)等制成导电图形,形成多层陶瓷基板;LTCC 工艺可将金属金、银、铜等制成导电图形,形成多层陶瓷基板,其中低温共烧陶瓷基板使用最多,布线宽度和布线间距为 $75 \sim 254 \ \mu m$。

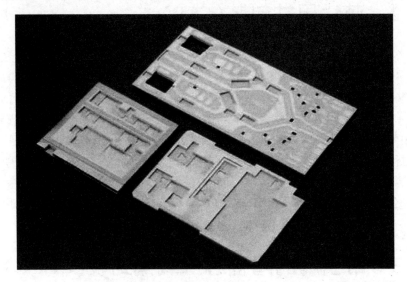

图 3 - 13　MCM - C 封装 LTCC 基板

MCM - D 为沉积薄膜型多芯片组件,由导体和介电层在基板沉底上依次沉积而成。因为 MCM - D 更接近于半导体工业的工艺技术,可以实现更细的导线和更小的线间距,对于同等互连密度需求,MCM - D 所需要的布线层数比 MCM - C 小得多。MCM - D 具有组装密度高、布线密度高、封装效率高和传输更好的特性。

MCM - L 为叠层型多芯片组件,是为适应 MCM 的尺寸要求而将有机层压印制线路板按比例缩小的一种结构,该基板制造技术主要来自印制板工业。导体一般采用铜,有机层压材料常用的有 FR - 4、BT 树脂、聚酰亚胺等。MCM - L 在上述三种基板技术中制造成本最低,因此,在低端产品中得以广泛应用。

3.5.2　系统级封装(SIP)

系统级封装(System in Package,SIP)是将多个半导体及其必要的辅助零件做成一个相对独立的产品,实现某种系统级功能被封装为一个整体,最终以一个零件的形式出现。SIP 封装并无一定的形态,图 3 - 14 为 SIP 封装示意图。在芯片的排列方式上,SIP 可为多芯片模块的 2D 封装,也可以采用 3D 封装。SIP 内部接合技术可以采用单纯的打线接合,也可以使用倒装接合,或者将两者混合。构成 SIP 技术的要素是封装载体与组装工艺。SIP 与系统级芯片(System On a Chip,SOC)容易混淆,二者都是将一个逻辑组件、内存组件甚至无源组件整合到一个单位中,但还是有很大差异的。SOC 是从设计角度将不同功能的集成电路整合到一颗芯片中;SIP 则是从封装角度出发,将不同芯片通过并排或叠加的封装方式,封装为具有一定功能的单个标准封装件。在一定程度上,我们可以理解为 SIP 包含 SOC、未集成到 SOC 中的芯片和其他组件。SIP 与 SOC 对工艺的要求也不同,SOC 需要由同一工艺完成,SIP 则可将不同材质、不同工艺节点的芯片垂直堆叠或水平排列,做成圆片级封装。

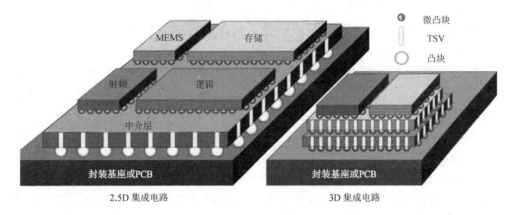

图 3 - 14　SIP 封装

　　SIP 根据设计类型和结构可分为 2D SIP、2.5D SIP、3D SIP 和 4D SIP。2D SIP 是指在基板的表面水平安装所有芯片和无源器件的集成方式。2.5D SIP 在先进封装领域特指采用中介层的集成方式,在中介层上进行布线和打孔。3D SIP 是直接在芯片上打孔和布线,电气连接上下层芯片。4D SIP 是指有关多块基板的方位和相互连接方式,在物理结构上,4D SIP 中多块基板采用非平行的方式进行安装,每块基板上均设有元器件,元器件的安装方式多样,基板间采用柔性电路或焊接的方式相连,基板内芯片电气连接方式多样。

3.5.3　三维立体(3D)封装

　　三维立体(3D)封装技术是一种将多层封装结构叠加在一起的先进互连方法,是在二维(2D)的基础上进一步实现 Z 方向的高密度化微电子组装。与 SIP 封装相比,3D 封装只强调在芯片方向上的多芯片堆叠,而 SIP 封装强调包含某种系统功能的封装。3D 封装的形式主要有三类,即填埋型、有源基板型和叠层型。填埋型 3D 封装是指将元器件填埋在基板多层布线内或填埋、制作在基板内部,作为集成电路芯片后布线互连技术,将埋置集成电路的压焊点和多层布线互连起来,能够在很大程度上减少焊接点,进而提升电子部件封装的可靠性。有源基板型 3D 封装是采用硅圆片集成技术,在制作基板时先采用一般半导体集成电路进行一次元器件集成化,形成具有大量有源器件的基板,然后在基板上进行多层布线,最后在顶层安装其他集成电路芯片或元器件,以此实现有源基板型 3D 封装。叠层型 3D 封装是将大规模集成电路、超大规模集成电路、二维多芯片组件和已封装的元器件再进行无间隙的层层叠装互连而成。目前运用最广泛的 3D 封装技术就是叠层型 3D 封装技术,并且 3D 封装的内涵已从芯片堆叠发展扩大到封装堆叠。叠层型 3D 封装主要有两种实现方式,即裸片堆叠和封装堆叠,其中封装堆叠又分为封装内和封装间的封装堆叠。

3.5.4　芯片上制作凸点(Bumping)

凸点制作是圆片级封装工艺过程的关键工序,是指在晶圆片的压焊区铝电极上形成凸点。常用的凸点制作工艺有电镀法、模板印刷法、蒸发/溅射法、钉头法和喷射法等。

晶圆凸点制作中最为常见的金属沉积步骤是凸点下金属化层(UBM)的沉积和凸点本身的沉积,一般通过电镀工艺实现。电镀法可以实现较小的凸点间距,但是该方法对焊料有要求,并且比较费时。模板印刷法是通过涂刷器和模板将钎料涂刷在焊盘上,凸点制作效率得到很大提升,工艺简单,适合于各种焊料,但是对凸点间距有一定的要求,不能满足小间距凸点的制作。蒸发法采用金属掩膜或光刻胶来制作凸点,通过控制蒸发钎料量、掩膜高度和开口尺寸改变凸点的高度。

3.6　立体结构型元件封装

3.6.1　晶圆级系统封装——硅通孔(TSV)

晶圆级系统封装是在晶圆切割前进行封装的工艺,即整个封装过程中晶圆始终保持完整。晶圆级系统封装分为扇入型晶圆芯片封装、扇出型晶圆芯片封装、倒装芯片封装和硅通孔封装。硅通孔(Through-Silicon Via,TSV)是使用蚀刻工艺在硅晶圆中创建的孔,是三维集成电路中通过堆叠芯片实现互连的一种技术解决方案。TSV 本身并不是 3D 集成电路。相反,它们是启用 3D IC 的基础。TSV 技术常采用导电材料(例如铜、钨或多晶硅)填充 TSV,以实现 TSV 的垂直互连。TSV 互连的主要优点是缩短了信号从一个芯片传输到下一个芯片或从一层电路传输到下一个芯片的路径。这便可允许功率降低,并具有增加互连密度的能力,从而强化功能和提高性能。

TSV 制作工艺主要有五步:(1)通过激光钻孔或者离子深刻蚀形成通孔;(2)通过热氧化或等离子体增强化学气相沉淀形成中间介质层;(3)通过物理气相沉积方法沉积阻挡层和种子层;(4)通过电镀或者物理气相沉积工艺将 TSV 孔用铜或者钨等导电材料进行填充;(5)对镀铜层进行化学和机械抛光。

TSV 可分为先通孔、中通孔、正面后通孔、背面后通孔。先通孔是指在制造器件结构之前,先制造通孔结构的一种通孔工艺方法。中通孔是在工艺流程中形成 TSV

结构。正面后通孔工艺是在后道工艺处理完成之后,从晶圆正面形成通孔的制造工艺。背面后通孔工艺是在后道工艺处理结束后,从晶圆背面进行通孔结构的制造工艺。

3.6.2　倒装芯片(FC)封装

倒装芯片(Flip Chip,FC)技术是一种把芯片电极与载板连接起来的工艺方法,是把芯片的有源电极做成凸点模式,将芯片正面朝下,将这些凸点和载板的电极直接连接起来,无须引线键合,形成最短的电路,降低电阻,采用金属球连接,缩小了封装尺寸,改善电性能,解决了 BGA、CSP 为增加引脚数而需扩大体积的困扰。FC 封装是近年来比较主流的封装形式之一,封装如图 3-15 所示,该封装形式的芯片结构和 I/O 端(锡球)方向朝下,因此 I/O 引出端可以分布于整个芯片表面,使得封装密度和处理速度达到顶峰,是芯片封装技术和高密度安装的最终方向。与传统的速度较慢的引线键合技术相比,FC 封装可以实现最小、最薄的封装,与板上芯片封装(COB)相比,FC 更适合应用于高脚数、小型化、多功能、高速度集成电路的产品中。FC 封装主要用于高端器件、高密度封装领域。

倒装芯片技术主要由凸点制作、倒装焊接以及底部填充三个主要技术组成。

图 3-15　FC 封装

3.6.3　扇入型集成电路封装(Fan-in)

扇入型集成电路封装(Fan-in)如图 3-16 所示,是指在晶圆级封装中集成电路的技术,扇入型封装的布线、绝缘层、锡球直接位于晶圆顶部,不需要基板和导线,缩短了电气传输路径,进而改善了电气特性,同时也节省了工艺成本。"扇"是指芯片尺寸,扇入型封装后器件尺寸与裸片尺寸相同,将封装尺寸缩到最小。不过扇入型集成电路封装也是有缺点的,因为该技术直接采用硅芯片作为封装外壳,物理和化学防护性能比较弱,连接封装和 PCB 基板的锡球需要承受更大的应力,会降低焊点可靠性。

3.6.4　扇出型集成电路封装(Fan-out)

　　扇出是相对于扇入而言的,扇出指的是导出的凸点可以超过裸片的面积,这两种封装方式在工艺流程上是相似的。芯片经加工切割后被放置在晶圆上,然后在晶圆上制造再分布层(RDL),通过金属铜连接走线,实现封装各部分的电气连接,最后对重构晶圆上的单个封装进行切割。扇出型和扇入型最大的差异在 RDL 布线上,扇入型封装中 RDL 向内布线,扇出型封装的 RDL 向内、向外均可布线。扇出型集成电路封装如图 3 - 17 所示。扇出型能容纳的 I/O 数超过扇入型,扇入型最多能容纳约200 个 I/O。最早的扇出型集成电路封装是英飞凌科技公司于 2004 年提出的,被称为扇出型晶圆级封装(Fan-out Wafer Level Packaging, FO-WLP),2009 年开始商业化量产。但是,FO-WLP 只被应用在手机基带芯片上,很快就达到了市场饱和。直到 2016 年,台积电在 FOWLP 基础上开发了集成扇出型(Integrated Fan-out, In-FO)封装,用于苹果 iPhone 7 系列手机的 A10 应用处理器。两者的强强联手终于将扇出型封装带向了新高度。

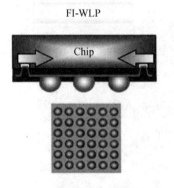

图 3 - 16　扇入型集成电路封装

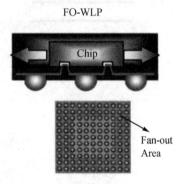

图 3 - 17　扇出型集成电路封装

3.7　封装的发展趋势

　　封装技术是伴随着集成电路的发明应运而生的,其主要功能是完成电源分配、信号分配、散热和保护元器件。随着电子技术、芯片技术的不断发展,元器件封装也在不断进步和创新。微电子封装概念已从传统的面向元器件转为面向系统,在封装信号传递、载体支持、热传导、芯片保护等传统功能的基础上进一步扩展,封装互连密度不断提高,封装厚度不断减小,三维封装、系统封装手段不断演进。随着摩尔定律趋缓,封装技术重要性凸显,是电子产品走向小型化、多功能化,降低功耗、提高带宽的重要手段。先进封装的发展有四大方向：系统集成、高速、高频、三维。目前，封装的发展趋势主要体现在以下 4 个方面。

（1）尺寸缩小。随着元器件集成度的提高，封装的尺寸越来越小，从而来适应电子产品小型化和轻量化的需求。

（2）高可靠性和高性能。封装的设计越来越注重元器件的可靠性和性能，以确保电子产品的稳定性和使用寿命。

（3）多功能集成。封装不仅应该能够为元器件提供物理保护，起到连接引脚的功能，常常还需要具备散热、屏蔽、滤波等功能。

（4）采用新型材料。新型封装材料的研发和应用能够提高封装的性能和可靠性。例如，采用热导率较高的材料作为封装材料可以提高散热效果，采用抗腐蚀性能好的材料作为封装材料可以提高封装的耐久性。

电子封装将由有封装、少封装再到无封装的方向发展，从单芯片向多芯片发展，芯片直接贴装技术，特别是其中的倒装焊技术将成为微电子封装的主流形式。当前主流的先进封装技术平台包括 Flip Chip、WLCSP、Fan-out、Embedded IC、3D WLCSP、3D IC、2.5Dinterposer 这 7 个重要平台技术。这些核心技术是与晶圆级封装技术相关的，支撑这些先进封装技术平台的主要工艺有微凸点（Bump）、再布线、植球、C2W、W2W、拆键合、硅通孔技术（Through Silicon Via，TSV）工艺等。

第4章 常用电子仪器

根据非电子专业学生电子实习工作大纲的要求,学生应通过实习掌握一些常用电子仪器的正确使用方法,其中主要包括万用表、示波器、信号发生器等。本章将简单介绍如何使用几种常用电子仪器。

4.1 万用表

万用表又称复用表、多用表、三用表、繁用表等,是一种最常用的多功能、多量程测量仪表,一般以测量电压、电流和电阻为主要目的。万用表按显示方式可以分为指针万用表和数字万用表,数字万用表凭借测量精度高、灵敏度高、速度快和直观的数字显示等特点被越来越广泛地应用,逐渐成为主流万用表。

数字万用表的主要功能包括直流电压和直流电流测量、交流电压和交流电流测量、电阻阻值测量、半导体(二极管和三极管)参数测量,一些功能比较全的数字万用表还具有测量电容、电感、温度和频率等功能。

(1)万用表的用途包括:① 测量电压值;② 测量电流值;③ 测量电阻值;④ 测量三极管的特性;⑤ 测量电容量等。

(2)万用表使用注意事项:① 使用万用表测量电流时应串接到电路中;② 选择合适的量程,注意应该从大的量程向小量程调整,以避免损坏。

(3)万用表的分类包括以下三种。

① 指针式万用表,如图 4-1 所示。

② 手持式数字式万用表,如图 4-2 所示。

图 4-1　指针式万用表

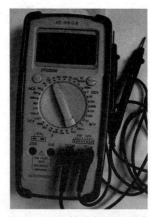

图 4-2　手持式数字万用表

③ 台式数字万用表,如图 4 - 3 所示。

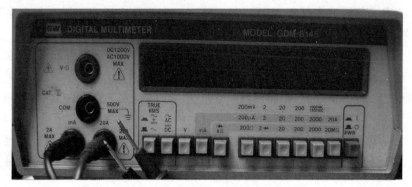

图 4 - 3　8145 台式数字万用表

4.1.1　安全说明

(1) 测量限值

为确保安全地操作万用表,对于需要测量的输入量的值,万用表都标示了最大测量值,即测量限值。以实验室里所使用数字万用表 GDM - 8341 为例,图 4 - 4 所示即为该种万用表前面板上所标示的测量限值。

INPUT 和 COM 输入端子用于测量除电流以外的物理量。针对这两个端子定义了两个测量限值:一是 INPUT 到 COM 的测量限值是直流 1 000 V 或交流 750 V,这也是最大的电压测量值;另一个测量限值是 COM 端到接地端可以安全浮动的最大限值为 500 V,这里的接地端是指仪器所连接交流电源线中的保护接地导体。

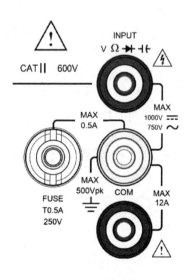

图 4 - 4　测量限值

数字万用表 GDM - 8341 有两个输入端子用于测量电流,两个电流输入端子到 COM 之间的测量限值分别为 0.5 A 和 12 A。

(2) 测量类别

测量类别又称 CAT 等级,CAT 是 category 的缩写,有“种类;类别;范围;等级”之意,根据 IEC 1010 - 1 标准的定义并参照 IEC/EN 61010 - 031:2008 标准,电工和电气工作人员工作的区域被分为四个类别,分别为 CAT I、CAT II、CAT III 和 CAT IV;

不同类别的测量电路具有高低不同的瞬态电压应力,CAT 后面的序号越大表示电气环境的过渡性电压冲力越大,并且 CAT 高等级向下单向兼容。以上每个类别的具体定义如下。

CATⅠ:测量类别Ⅰ,是指需要将瞬态过电压限制到特定水平的设备(含保护电路)。即仪表的设计适用于对非直接连接到电源的测量,例如,经由电源变压器连接插座的次级电气回路,一般指电子设备的内部电路,通指如实验室电路板的电子设备负载。

CATⅡ:测量类别Ⅱ,是指由固定装置提供电源的耗能设备(用电设备)。即仪表的设计适用于对直接连接到低压装置的电路进行测量,例如,通过电源线连接插座的一次电气回路,包括家用电器、个人计算机、手提工具和类似负荷等。通指如机床的单向接收负载。

CATⅢ:测量类别Ⅲ,是指配电线路和最后分支线路的设备。即仪表的设计能够测量直接从配电盘获取电力的设备的一次回路和从配电盘到插座的回路,例如,固定安装的配电盘、断路器,包括电缆、母线、分线盒、开关、插座的布线系统,大型建筑的防雷设施,以及应用于工业的设备和永久接至固定装置、固定安装的电动机等一些其他设备。通指如配电柜和开关柜的三相电的配电和分配端。

CATⅣ:测量类别Ⅳ,是指电源处(设备装置的起点)的设备。即仪表的设计能够测量使用接入线的电力设备和一次过电流保护装置(配电盘)的回路,例如,电气计量仪表(电能表)、一次过电流保护设备、波纹控制设备等。

我们所用的数字万用表 GDM - 8341 的测量类别为 CATⅡ。

4.1.2　仪器面板与显示界面

(1) 前面板

以数字万用表 GDM - 8341 为例,其前面板如图 4 - 5 所示。

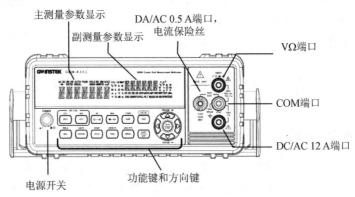

主测量参数显示

副测量参数显示

DA/AC 0.5 A端口,
电流保险丝

VΩ端口

COM端口

DC/AC 12 A端口

电源开关

功能键和方向键

图 4 - 5　数字万用表 GDM - 8341 的前面板

数字万用表 GDM - 8341 前面板具体说明如表 4 - 1 所列。

表 4 - 1 数字万用表 GDM - 8341 前面板说明

名 称		说 明
电源开关		打开/关闭仪器
主显示		显示基本测量的数值、数值单位和功能
副显示/第二显示		显示第二测量的数值、数值单位和功能
INPUT 输入端		用于除 AC/DC 电流测量以外的测量
COM 端口		此端口可进行接地的所有测量
DC/AC 12 A 端口		大电流测量端口,最大限值为 12 A
DC/AC 0.5 A 端口/电流保险丝		小电流测量端口,最大限值为 0.5 A;作为保险丝,保护电路,防止过大的电流
功能键与方向键	DCV	测量直流电压
	DCI (SHIFT→DCV)	测量直流电流
	ACV	测量交流电压
	ACI (SHIFT→ACV)	测量交流电流
	Resistance/ Continuity	根据所选的模式测量电阻或连续性
	dB (SHIFT→Ω/·)))	测量 dB
	Diode/ Capacitance	根据所选模式,测量二极管或电容
	dBm (SHIFT→ →|/+|)	测量 dBm
	Hz/P	根据所选模式,测量频率或者周期
	TEMP (SHIFT→Hz/P)	测量温度
	2ND	第二功能键,为第二显示屏选择测量项目,按下并长按超过 1 s 便可显示第二功能

名　称		说　明
功能键与方向键	REL	 测量相对值
	REL# (SHIFT→REL)	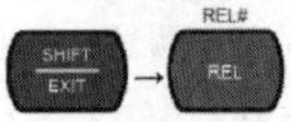 手动设置参考值为相对值进行测量
	MX/MN	 测量最大值和最小值
	MATH (SHIFT→MX/MN)	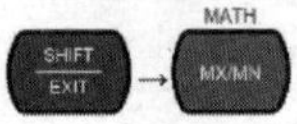 进入数学计算模式
	HOLD	 激活保持功能
	COMP (SHIFT→HOLD)	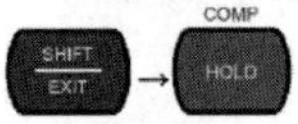 激活比较功能
	TRIG	 手动触发
	INT/EXT (SHIFT→TRIG)	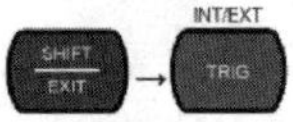 选择外部或内部触发源
	MENU	 进入确认菜单从而进行系统设置,包括测量设置、温度测量设置、I/O 设定等
	SHIFT/EXIT	 SHIFT 键用于选择第二功能,当按下后,"SHIFT"的提示会显示在屏幕上。EXIT 键用于让机器退出参数规格模式回到测量结果显示模式
	AUTO/ENTER	 当使用 AUTO 键时,将会自动选择功能范围至 Autorange。当使用 ENTER 按键时,将会确认已输入值和测量项目
	方向键	 方向键用于操控菜单系统和编辑数值。上/下方向键可以手动设置电流和电压测量的范围。左/右方向键可以锁定快速、中速、慢速的刷新速度

(2) 后面板

数字万用表 GDM - 8341 后面板如图 4 - 6 所示。

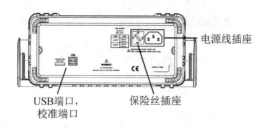

电源线插座

USB端口，
校准端口

保险丝插座

图 4 - 6　数字万用表 GDM - 8341 的后面板

4.1.3　测量操作

（1）AC/DC 电压测量

数字万用表 GDM - 8341 能够测量 0～750 V AC 电压或 0～1 000 V DC 电压，具体测量步骤如下。

① 首先按下 DCV 键或 ACV 键以选择测量 DC 电压或 AC 电压。

② 选择电压测量的量程，可以按下 AUTO 键以选择自动量程，也可以按上/下方向键手动选择量程。

③ 将被测信号接入万用表，具体连接方式见图 4 - 7。

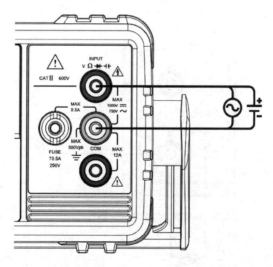

图 4 - 7　数字万用表 GDM - 8341AC/DC 电压测量连接

④ 在显示屏上读出测量值，具体显示如图 4 - 8 所示。

图 4 - 8　数字万用表 GDM - 8341AC/DC电压测量显示

（2）AC/DC 电流测量

数字万用表 GDM - 8341 有两个输入端口用来测量电流，一个 0.5 A 的端口测量小于 0.5 A 的电流，另一个 12 A 的端口用于测量最大至 12 A 的电流。具体测量步骤如下。

① 首先按下 SHIFT→DCV 或 SHIFT→ACV 选择测量 DC 电流或 AC 电流功能。

② 选择电流测量的量程，可以按下 AUTO 键以选择自动量程，也可以按上/下方向键手动选择量程。

③ 将被测信号接入万用表，根据被测电流的大小来选择测量端口，如果电流小于 0.5 A，则连接 0.5 A 端口；如果电流最大达到 12 A，则连接 12 A 端口。具体连接方式见图 4 - 9。

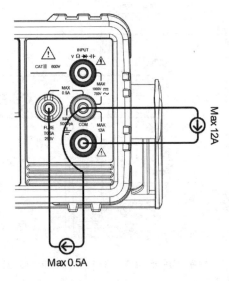

图 4 - 9　数字万用表 GDM - 8341 AC/DC 电流测量连接

④ 在显示屏上读出测量值，具体显示如图 4 - 10 所示。

图 4 - 10　数字万用表 GDM - 8341 AC/DC 电流测量显示

（3）电阻测量

数字万用表 GDM - 8341 使用双线测量电阻。具体测量步骤如下。

① 首先按下 Ω/·ⁿ 键一次激活测量电阻功能。注意：按键两次将会激活连续测量功能。

② 选择电阻测量的量程，可以按下 AUTO 键以选择自动量程，也可以按上/下方向键手动选择量程。

③ 将被测信号或元器件接入万用表，具体连接方式见图 4 - 11。

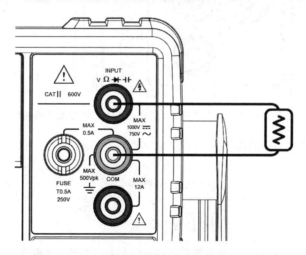

图 4 - 11　数字万用表 GDM - 8341 电阻测量连接

④ 在显示屏上读出测量值，具体显示如图 4 - 12 所示。

图 4 - 12　数字万用表 GDM - 8341 电阻测量显示

(4) 二极管测试

数字万用表 GDM - 8341 二极管测试是利用加一个持续的约 0.83 mA 的正向电流通过被测元器件来验证其正向导通特性。具体测量步骤如下。

① 首先按下 ➜╂/╶╂╴ 键一次以激活二极管测试功能。注意：按键两次将会激活电容测量功能。

② 将被测信号或元器件接入万用表，具体连接方式见图 4 - 13。

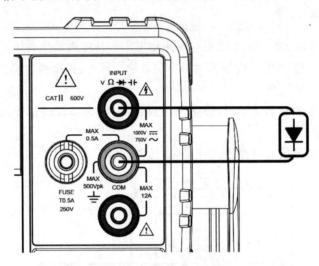

图 4 - 13　数字万用表 GDM - 8341 二极管测试连接

③ 在显示屏上读出测试值，具体显示如图 4 - 14 所示。

图 4 - 14　数字万用表 GDM - 8341 二极管测试显示

(5) 电容测量

数字万用表 GDM - 8341 可以通过电容测量功能来测量一个元器件的容值。具体测量步骤如下。

① 首先按下 ➜╂/╶╂╴ 键两次来激活测量电容功能。

② 选择电容测量的量程，可以按下 AUTO 键以选择自动量程，也可以按上/下方向键手动选择量程。

③ 将被测信号或元器件接入万用表，具体连接方式如图 4 - 15 所示。

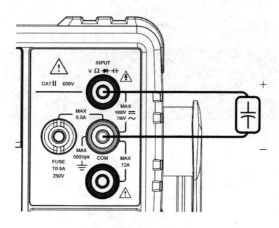

图 4 - 15　数字万用表 GDM - 8341 电容测量连接

④ 在显示屏上读出测量值,具体显示如图 4 - 16 所示。

图 4 - 16　数字万用表 GDM - 8341 电容测量显示

4.2　直流稳压电源

由于电子技术具有其特性,电子设备对电源电路的要求是能够提供持续稳定、满足负载要求的电能,而且通常情况下都要求提供稳定的直流电能。这种能为负载提供稳定的直流电能的电子装置即直流稳压电源。

本节主要介绍如图 4 - 17 所示的 GPS - 2303C 多路可调直流稳压电源的功能和使用方法。

4.2.1　仪器面板与显示界面

GPS - 2303C 直流稳压电源具有两组独立直流电源输出三位数字显示器,可同时显示两组电压及电流,具有过载及反向极性保护,可选择连续/动态负载,输出具有使能控制,可以自动串联或自动并联同步操作,可以进行定电压及定电流操作,并具有低涟波及低噪声的特点。其主要工作特性如表 4 - 2 所示。

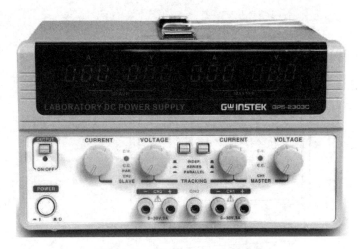

图 4 - 17　GPS - 2303C 直流稳压电源

表 4 - 2　GPS - 2303C 直流稳压电源主要工作特性

参　数	范　围	
	CH1	CH2
输出电压	0～30 V	
输出电流	0～3 A	
串联同步输出电压	0～60 V	
并联同步输出电压	0～6 A	

（1）电源的前面板及说明如图 4 - 18 和表 4 - 3 所示。

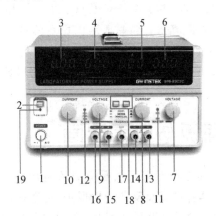

图 4 - 18　GPS - 2303C 直流稳压电源前面板

表 4 - 3　GPS - 2303C 直流稳压电源面板说明

图 4 - 18 对应编号	功能说明
1	电源开关
2	输出开关,用于打开或关闭输出
3	CH2 输出电流显示 LED
4	CH2 输出电压显示 LED
5	CH1 输出电流显示 LED
6	CH1 输出电压显示 LED
7	CH1 输出电压调节旋钮,在双路并联或串联追踪模式下,该旋钮也用于 CH2 调整最大输出电压
8	CH1 输出电流调节旋钮,在并联模式下,该旋钮也用于 CH2 调整最大输出电流
9	CH2 输出电压调节旋钮,用于调整独立模式的 CH2 输出电压
10	CH2 输出电压调节旋钮,用于调整独立模式的 CH2 输出电压
11	C. V. /C. C. 指示灯,当 CH1 输出在恒压源状态时,或在并联或串联追踪模式下,CH1 和 CH2 输出在恒压源状态时,C. V. 灯(绿灯)会亮;当 CH1 输出在恒流源状态时,C. C. 灯(红灯)会亮
12	C. V. /C. C. 指示灯,当 CH2 输出在恒压源状态时,C. V. 灯(绿灯)会亮;在并联追踪模式下,当 CH2 输出在恒流源状态时,C. C. 灯(红灯)会亮
13	CH1 正极输出端子
14	CH1 负极输出端子
15	CH2 正极输出端子
16	CH2 负极输出端子
17	GND 端子,大地和底座接地端子
18	TRACKING 模式组合按键,对两个按键进行组合按下可将双路构成 INDEP(独立)、SERIES(串联)或 PARALLEL(并联)的输出模式。 ① 当两个按键都未按下时,是 INDEP(独立)模式,和 CH1 和 CH2 的输出分别独立。 ② 只按下左键,不按右键,是 SERIES(串联)追踪模式。在此模式下,CH1 和 CH2 的输出最大电压完全由 CH1 电压控制(CH2 输出端子的电压追踪 CH1 输出端子电压),CH2 输出端子的正端(红)则自动与 CH1 输出端子负端(黑)连接,此时 CH1 和 CH2 两个输出端子可提供 0~2 倍的额定电压。 ③ 当同时按下两个键时,是 PARALLEL(并联)追踪模式。在此模式下,CH1 输出端和 CH2 输出端会并联起来,其最大电压和电流由 CH1 主控电源供应器控制输出。CH1 和 CH2 可各自输出,或由 CH1 输出提供 0~额定电压和 0~2 倍的额定电流输出
19	输出指示灯,输出开关 2 揿下后,该指示灯亮

（2）电源的后面板如图 4 - 19 所示。

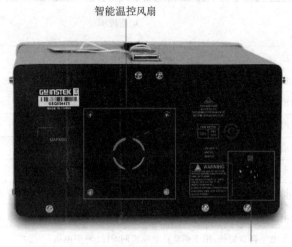

图 4 - 19　GPS - 2303C 直流稳压电源的后面板

4.2.2　电源使用方法和注意事项

（1）独立操作模式

当直流电源设定在独立模式时,CH1 和 CH2 是各自独立的两组电源输出,可单独使用,也可以两组同时使用。电源独立模式的操作步骤如下。

① 打开电源开关。

② 保持 TRACKING 模式组合按键均为弹起状态。

③ 选择输出通道,以选择 CH1 为例,则将 CH1 输出电流调节旋钮顺时针旋到底,CH1 输出电压调节旋钮旋至 0。

④ 将红/黑测试导线分别插入所选通道 CH1 输出端正/负极。

⑤ 旋转 CH1 输出电压调节旋钮调至所需电压,将红黑测试导线短接后,旋转 CH1 输出电流调节旋钮调至所需电流。

⑥ 关闭电源,准备连接负载。负载电路连接完毕,检查无误后,打开电源,按下输出开关,输出指示灯亮,开始对电路供电。

具体接线图可参照图 4 - 20。

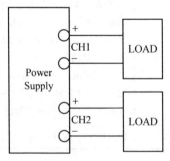

图 4 - 20　电源独立模式供电接线示意图

（2）串联追踪模式

在串联追踪模式下，两路电源分为主路电源（MASTER）和从路电源（SLAVE）。其中 CH1 为主路电源，CH2 为从路电源。当选择串联追踪模式时，CH2 输出端正极将主动与 CH1 输出端的负极连接，电源实际输出电压值为 CH1 表头所显示电压值的 2 倍，而实际输出电流值可直接通过 CH1 或 CH2 电流表头所显示的读数得到。串联追踪模式的操作步骤如下。

① 打开电源开关。

② 摁下 TRACKING 模式组合按键中左边的按键，松开右边的按键，将电源输出设定为串联追踪模式。

③ 将 CH2 电流控制旋钮顺时针旋转到底，此时，CH2 的最大电流输出随 CH1 电流设定值而改变。使用 CH1 电压控制旋钮调整至所需的输出电压。

④ 关闭电源，连接负载，检查无误后打开电源并按下输出开关。

⑤ 连接负载时，如果只需单电源供电，接线参照图 4 - 21 所示，将测试导线一条接到 CH2 的负端，另一条接 CH1 的正端；如果希望得到一组共地的正负直流电源，接线参照图 4 - 22 所示。

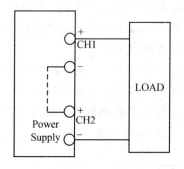 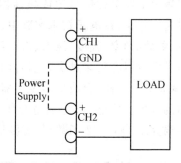

图 4 - 21　串联单电源供电接线图　　　图 4 - 22　串联正负电源供电接线图

（3）并联追踪模式

在并联追踪模式下，CH1 输出端正极和负极会自动地和 CH2 输出端正极和负极两两相互并联接在一起，此时，输出电压和电流由 CH1 主路电源控制，实际输出电压值为 CH1 表头所显示的数值，实际输出的电流为 CH1 电流表表头显示读数的 2 倍。并联追踪模式的操作步骤如下。

① 打开电源开关。

② 将 TRACKING 模式组合按键左右键都摁下，将电源输出设定在并联追踪模式。

③ 在并联模式下，CH2 的输出电压、电流完全由 CH1 的电压和电流旋钮控制，

并且追踪于 CH1 输出电压和电流（CH1 和 CH2 的电压和电流输出完全相等）。使用 CH1 电流旋钮来设定限流点（超载保护），使用 CH1 电压控制旋钮调至所需的输出电压。

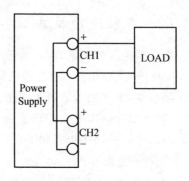

④ 关闭电源，连接负载，检查无误后打开电源并按下输出开关。

⑤ 连接负载时，接线参照图 4 – 23 所示，即将负载的正负极分别连接到电源 CH1 输出端的正负极。

图 4 – 23　电源并联模式接线图

（4）注意事项

使用电源时，必须与 220 V 市电电源连接，并确保机壳能良好接地。

为避免仪器损坏，不要在周围温度超过 40 ℃ 的环境下使用此电源。

4.3　信号发生器

信号发生器又称信号源或振荡器，是电子技术试验中最基本、最常用的仪器之一。作为信号源，在电子技术实验中，信号发生器可以根据使用者的要求提供各种稳定、特征参数（频率、幅度、波形、占空比等）完全可控的参考信号。

信号发生器有很多种类，包括函数发生器、脉冲发生器、正弦波发生器、扫描发生器、任意波形发生器、合成信号发生器等，其中，任意波信号发生器能够综合其他信号发生器的波形生成能力，特别适合作为各种电子仿真实验的信号源用于提供信号。本节主要介绍 DG4162 函数/任意波形信号发生器的功能与使用方法。

4.3.1　仪器面板与用户界面

DG4162 是一款集函数发生器、任意波形发生器、脉冲发生器、谐波发生器、模拟/数字调制器、频率计等功能于一身的多功能信号发生器，有两路等性能的输出通道，最大输出正弦波频率为 160 MHz，采样速率 500 MS/s，仪器内部有 150 多种常用任意波波形可供选用。

（1）前面板

DG4162 信号发生器的前面板布局如图 4 – 24 所示，前面板说明如表 4 – 4 所列。

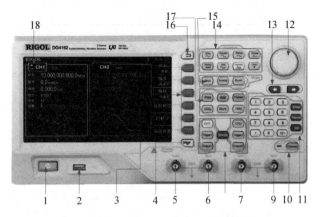

图 4 - 24　DG4162 信号发生器前面板布局

表 4 - 4　DG4162 信号发生器前面板说明

图 4 - 24 对应编号	名　称		功能说明
1	电源键		用于启动或关闭信号发生器。当电源键关闭时,信号发生器处于待机模式,只有拔下后面板的电源线,信号发生器才会处于断电状态
2	USB 接口		与外部 USB 设备连接,可插入 U 盘等
3	菜单软键		与该键左侧屏幕所显示菜单一一对应,按下任一软键激活对应的菜单
4	菜单翻页		打开当前菜单的上一页或下一页
5	CH1 输出端		输出 CH1 当前配置波形
6	CH1 同步输出端		输出与 CH1 当前配置相匹配的同步信号
7 (通道控制 按键区)		CH1	选择通道 CH1。选择后,背灯变亮,用户可以设置 CH1 的波形、参数和配置
		CH2	选择通道 CH2。选择后,背灯变亮,用户可以设置 CH2 的波形、参数和配置
		Trigger1	CH1 的手动触发按键,在扫频或脉冲串模式下,用于手动触发 CH1 产生一次扫频或脉冲串输出
		Trigger2	CH2 的手动触发按键,在扫频或脉冲串模式下,用于手动触发 CH2 产生一次扫频或脉冲串输出
		Output1	开启或关闭 CH1 的输出
		Output2	开启或关闭 CH2 的输出
		CH1 ⇌ CH2	执行通道复制功能

图4-24 对应编号	名　称	功能说明
8	CH2 输出端	输出 CH2 当前配置波形
9	CH2 同步输出端	输出与 CH2 当前配置相匹配的同步信号
10	频率计	开启或关闭频率计功能
11	数字键盘	用于输入参数
12	旋钮	在设置参数时,用于增大(顺时针)或减小(逆时针)当前突出显示的数值;在存储或读取文件时,用于选择文件保存的位置或用于选择需要读取的文件;在输入文件名时,用于切换软键盘中的字符;在定义 User 按键快捷波形时,用于选择内置波形
13	方向键	在使用旋钮和方向键设置参数时,用于切换数值的位;在输入文件名时,用于移动光标的位置
14 (波形选择 按键区)	Sine	正弦波,提供频率为 1 μHz～160 MHz 的正弦波输出
	Square	方波,提供频率为 1 μHz～50 MHz 并具有可变占空比的方波输出
	Ramp	锯齿波,提供频率为 1 μHz～4 MHz 并具有可变对称性的锯齿波输出
	Pulse	脉冲波,提供频率为 1 μHz～40 MHz 并具有可变脉冲宽度和边沿时间的脉冲波输出
	Noise	噪声,提供带宽为 120 MHz 的高斯噪声输出
	Arb	任意波,提供频率为 1 μHz～40 MHz 的任意波输出
	Harmonic	谐波,提供频率为 1 μHz～80 MHz 的谐波输出
	User	用户自定义波形键,可以快速打开所需的内建波形并设置其参数
15 (模式选择 按键区)	Mod	调制,可输出经过调制的波形,提供多种模拟调制和数字调制方式,可产生 AM、FM、PM、ASK、FSK、PSK、BPSK、QPSK、3FSK、4FSK、OSK 和 PWM 调制信号
	Sweep	扫频,可产生"正弦波""方波""锯齿波"和"任意波(DC 除外)"的扫频信号
	Burst	脉冲串,可产生"正弦波""方波""锯齿波""脉冲波"和"任意波(DC 除外)"的脉冲串输出
16	返回键	用于返回上一级菜单

图 4 - 24 对应编号	名　称	功能说明
17 (快捷键/ 辅助功 能键区)	Print	打印功能键,执行打印功能,将屏幕以图片形式保存至 U 盘
	Edit	编辑波形快捷键,用于快速打开任意波编辑界面
	Preset	恢复预设值,用于将仪器状态恢复到出厂默认值或用户自定义状态
	Utility	辅助功能与系统设置,用于设置辅助功能参数和系统参数
	Store	存储功能键,可存储/调用仪器状态或者用户编辑的任意波数据
	Help	帮助,如想获得任何前面板按键或菜单软键的上下文帮助信息,按下该键将其点亮后,再按下您需要获得帮助信息的按键
18	LCD 显示屏	彩色液晶显示器,显示当前功能的菜单和参数设置、系统状态以及提示信息等内容

(2) 后面板

DG4162 信号发生器的后面板如图 4 - 25 所示,其说明如表 4 - 5 所列。

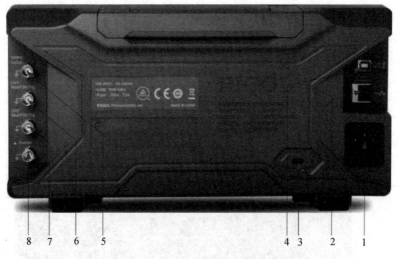

图 4 - 25　DG4162 信号发生器后面板布局

表 4 – 5　DG4162 信号发生器后面板说明

图 4 – 25 对应编号	名　称	功能说明
1	AC 电源插座	交流电源输入接口
2	LAN	通过该接口将信号发生器连接至局域网中,进行远程控制
3	防盗锁孔	使用防盗锁可将仪器锁定在固定位置
4	USB Device	通过该接口可连接 PictBridge 打印机以打印屏幕图像,或连接 PC 以通过上位机软件对信号发生器进行控制
5	10 MHz 输入/输出端	通常用于在多台仪器之间建立同步,根据所使用时钟是内部的还是外部的,输出时钟信号或接收外部时钟信号
6	CH1 外调制/触发输入端	根据 CH1 当前工作模式决定在此接入调制信号还是触发信号
7	CH2 外调制/触发输入端	根据 CH2 当前工作模式决定在此接入调制信号还是触发信号
8	外部信号输入端	用于接收频率计测量的外部信号

(3) 用户界面

DG4162 信号发生器用户界面会同时显示两个通道的参数和波形。图 4 – 26 所示为 CH1 和 CH2 均选择正弦波时的界面,基于当前功能的不同,界面显示的内容会有所不同。用户界面的说明如表 4 – 6 所列。

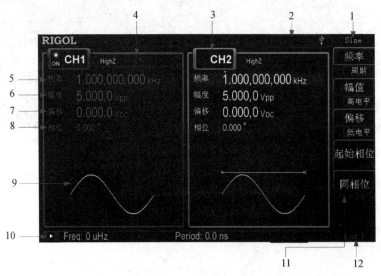

图 4 – 26　DG4162 信号发生器用户界面(两通道均以正弦波为例)

表 4-6　信号发生器用户界面说明

图 4-26 对应编号	名　称	功能说明
1	当前功能	显示当前已选中功能的名称。如图 4-26 显示的"Sine"表示当前选中"正弦波"功能
2 （状态栏）		状态栏若显示此指示符,表明仪器检测到 U 盘
		状态栏若显示此指示符,表明仪器正确连接至局域网
		状态栏若显示此指示符,表明仪器在远程模式下工作
3	通道状态	CH1 和 CH2 的显示区域,指示相应通道的选择状态和开关状态(ON/OFF)。当前已选中通道的显示区域呈高亮显示;当前已打开通道的开关状态为"ON"
4	通道配置	显示各通道当前的输出配置,包括输出阻抗的类型、工作模式、调制或触发源的类型
5	频率	显示各通道当前波形的频率
6	幅度	显示各通道当前波形的幅度
7	偏移	显示各通道当前波形的直流偏移
8	相位	显示各通道当前波形的相位
9	波形	显示各通道当前选择的波形
10	频率计	仅在频率计功能打开且屏幕处于非频率计界面时显示频率计的简要信息
11	菜单	显示当前已选中功能对应的操作菜单
12	菜单页码	显示当前菜单的页数和页码

4.3.2　仪器操作方法

(1) 参数设置

DG4162 信号发生器的参数设置可通过数字键盘或旋钮和方向键完成。

(2) 选择通道

可以按下前面板 CH1 或 CH2 按键以选择通道,用户界面中对应的通道区域变亮。此时,可以配置所选通道的波形和参数。需要注意的是,CH1 与 CH2 不可同时被选中,可以首先选中 CH1,完成波形和参数配置后,再选中 CH2 进行配置。

(3) 选择基本波形

DG4162 信号发生器可输出 5 种基本波形,包括正弦波、方波、锯齿波、脉冲和噪声。开机时,仪器默认选中正弦波。

1) 正弦波

按下前面板 $\boxed{\text{Sine}}$ 按键选择正弦波,按键背灯变亮。此时,用户界面右侧显示"Sine"及正弦波的参数设置菜单。

2) 方波

按下前面板 $\boxed{\text{Square}}$ 按键选择方波,按键背灯变亮。此时,用户界面右侧显示"Square"及方波的参数设置菜单。

3) 锯齿波

按下前面板 $\boxed{\text{Ramp}}$ 按键选择锯齿波,按键背灯变亮。此时,用户界面右侧显示"Ramp"及锯齿波的参数设置菜单。

4) 脉冲

按下前面板 $\boxed{\text{Pulse}}$ 按键选择脉冲,按键背灯变亮。此时,用户界面右侧显示"Pulse"及脉冲的参数设置菜单。

5) 噪声

按下前面板 $\boxed{\text{Noise}}$ 按键选择噪声,按键背灯变亮。此时,用户界面右侧显示"Noise"及噪声的参数设置菜单。

(4) 设置频率

按 $\boxed{\text{频率/周期}}$ 软键使"频率"突出显示。此时,使用数字键盘输入频率的数值并在弹出的单位菜单中选择所需的单位,或者使用方向键和旋钮修改当前值。再次按下 $\boxed{\text{频率/周期}}$ 软键切换至周期设置,此时"周期"突出显示,可使用数字键盘或者方向键和旋钮来设置所需周期值。

(5) 设置幅度

按 $\boxed{\text{幅值/高电平}}$ 软键使"幅值"突出显示。此时,使用数字键盘输入幅度的数值并在弹出的单位菜单中选择所需的单位,或者使用方向键和旋钮修改当前值。再次按下此软键切换至高电平设置,此时"高电平"突出显示,可使用数字键盘或者方向键和旋钮来设置所需值。

（6）设置 DC 偏移电压

按 偏移/低电平 软键使"偏移"突出显示。此时,使用数字键盘输入偏移的数值并在弹出的单位菜单中选择所需的单位,或者使用方向键和旋钮修改当前值。再次按下此软键切换至低电平设置,此时"低电平"突出显示,可使用数字键盘输入低电平的数值并在弹出的单位菜单中选择所需的单位,或者使用方向键和旋钮修改当前值。

（7）设置起始相位

起始相位的可设置范围是 $0°\sim360°$,默认值为 $0°$。按 起始相位 软键使其突出显示。此时,使用数字键盘输入相位的数值并在弹出的单位菜单中选择单位"°",或者使用方向键和旋钮修改当前值。

（8）同相位功能

DG4162 双通道函数/任意波形发生器提供同相位功能。按下 同相位 软键后,仪器将重新配置两个通道,使其按照设定的频率和相位输出。

（9）设置占空比

占空比的定义是方波波形高电平持续的时间所占周期的百分比。占空比的可设置范围受"频率/周期"设置的限制,默认值为 50%。按 占空比 软键使其突出显示。此时,使用数字键盘输入数值并在弹出的单位菜单中选择单位"%",或者使用方向键和旋钮修改当前值。

（10）设置对称性

对称性的定义是锯齿波波形处于上升期间所占周期的百分比。对称性的可设置范围为 0%~100%,默认值为 50%。按 对称性 软键使其突出显示。此时,使用数字键盘输入数值并在弹出的单位菜单中选择单位"%",或者使用方向键和旋钮修改当前值。

（11）设置脉冲参数

想要输出脉冲波,除了配置前面介绍的基本参数(如频率、幅度、DC 偏移电压、起始相位、高电平、低电平和同相位)之外,还需要设置如图 4 - 27 所示"脉宽""脉冲周期""上升边沿时间"和"下降边沿时间"。

1）脉宽/占空比

按 脉宽/占空比 软键使"脉宽"突出显示。此时,使用数字键盘输入数值并在弹出的单位菜单中选择所需的单位,或者使用方向键和旋钮修改当前值;再次按下此软

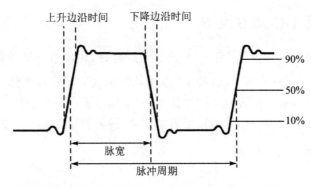

图 4 - 27 脉冲信号示意图

键可切换至占空比的设置。

2）上升/下降边沿时间

按 上升沿 软键或 下降沿 软键,使用数字键盘输入数值并在弹出的单位菜单中选择所需的单位,或者使用方向键和旋钮修改当前值。上升边沿时间和下降边沿时间相互独立,允许用户单独设置。

（12）启用通道输出

完成已选波形的参数设置之后,需要开启通道以输出波形。启用通道的操作步骤为:按下前面板 Output1 按键或/和 Output2 按键,按键背灯变亮,仪器从前面板 Output1 或/和 Output2 连接器输出已配置的波形。

4.3.3 更多型号的信号发生器

信号发生器的型号众多,在此列出另外两款常用的信号发生器——SP1641B 型函数信号发生器和固纬 GFG8050 信号发生器,两款信号发生器的面板图分别如图 4 - 28 和图 4 - 29 所示,均可根据需求选择所需的频率和波形,但因在操作方面与4.3.1 和 4.3.2 小节具有相似性,在此不再赘述,具体可参考设备使用手册。

图 4 - 28 SP1641B 型函数信号发生器

图 4 - 29　固纬 GFG8050 信号发生器

4.4　示波器

电子示波器简称示波器,是一种用途十分广泛的电子测量仪器,能够把人的肉眼无法直接看到的各种电信号的参数和变化规律转换成可以直接观察的波形。示波器的基本功能是采用图像或数字方式观测时域电压信号波形或信号间的函数关系,显示和分析测量结果。人们可以通过示波器测量信号的电压、周期、频率、相位、幅度、脉宽、调幅系数等电量参数,还可以将示波器与传感器结合起来测量压力、速度、温度、密度、声音、光、磁效应等非电量参数。

示波器具备以下 4 个方面的特点:

(1) 直观性好,既可以直接显示信号波形,又可以测量信号的瞬时值。

(2) 灵敏度高、工作频率范围宽、速度快,方便观测瞬态信号的细节。

(3) 输入阻抗高,达到兆欧级,对被测电路的影响很小。

(4) 可显示和分析任意两个量之间的函数关系,是一种良好的信号比较器。

按照信号处理方式的不同,示波器可以被分为模拟示波器和数字示波器两大类。模拟示波器是采用模拟电路(如比较器、放大器、模拟滤波器等)处理信号,采用电子枪向显示屏发射电子,通过电场力改变电子运动方向,显示波形轨迹,波形运动轨迹是连续的,最后利用荧光屏显示波形轨迹。数字示波器则是以数据采集系统为核心,采用模数转换方式获取信号,在 CPU 控制下将波形显示在屏幕上。一般数字示波器还具有数据分析和存储功能,部分型号的数字示波器还集成了频谱分析等功能。数字示波器可以采集单次以及非周期信号,对触发之前的信号也可以显示,对低频信号显示效果较好。但是数字示波器也有其限制,该类示波器对动态变频信号显示效果不佳,存在延迟效应,在采样速度不足时会造成波形失真。

本节以市面上常用的典型示波器为例分别进行详细说明。模拟示波器以 GOS - 630FC 型示波器和 SS - 7802/7804 型示波器为例进行讲解。数字示波器 MSO - 2102EA 与 MDO - 2102EA 的面板和功能相似,本节以 MDO 为例进行讲解。

4.4.1　GOS-630FC 型示波器

示波器由示波管、电源系统、同步系统、X 轴偏转系统、Y 轴偏转系统、延迟扫描系统和标准信号源组成。模拟示波器的结构组成如图 4-30 所示。

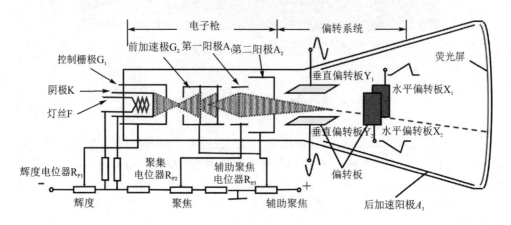

图 4-30　模拟示波器的结构图

模拟示波器使用电子枪扫描示波器的屏幕,偏转电压使电子束从上到下均匀扫描,将波形显示到屏幕上,能够实时显示图像。

GOS-630FC 型示波器的前面板分为电源和电子枪、水平板、垂直板、触发系统四部分,如图 4-31 所示,各部分详细介绍如图 4-32 所示。

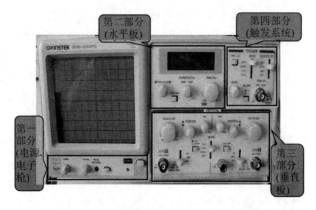

图 4-31　GOS-630FC 型示波器前面板

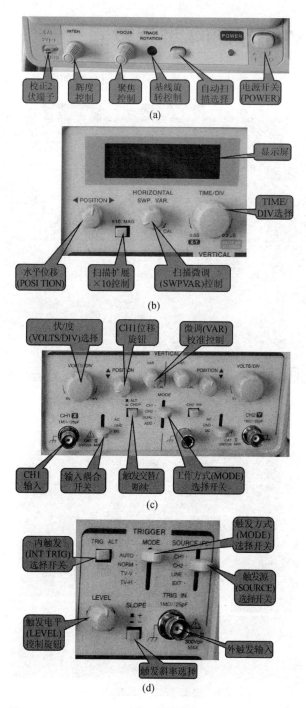

图 4 - 32　GOS - 630FC 型示波器前面板各部分旋钮说明

4.4.2　SS7802/7804 型示波器

SS7802/7804 型示波器功能图与显示调节按钮分别如图 4-33、图 4-34 所示。

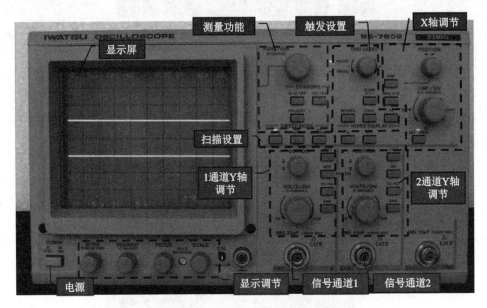

图 4-33　SS7802/7804 型示波器功能图

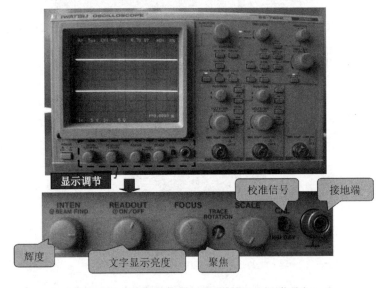

图 4-34　SS7802/7804 型示波器显示调节按钮

调节"扫描亮度"的操作如图 4-35 所示。

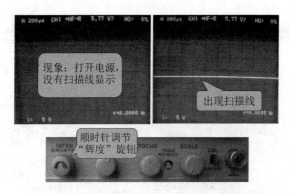

图 4 - 35　SS7802/7804 型示波器调节亮度操作

SS7802/7804 型示波器显示屏上的波形示意和说明如图 4 - 36 所示。

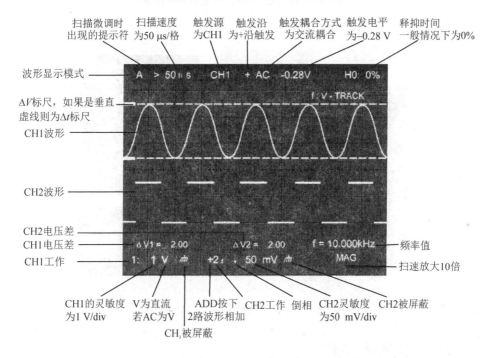

图 4 - 36　SS7802/7804 型示波器波形显示和参数说明

(1) 校准检测

SS7802/7804 型示波器采用"通道 1"对"校准信号"进行检测,连接方法和功能简介如图 4 - 37 所示。

将示波器探头接在通道 1,并且将红色表笔接到"校准信号"输出端,这时示波器可输出一个 1 kHz 0.6 V 的校准方波信号。

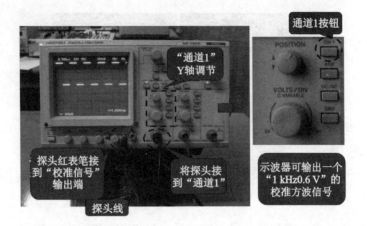

图4-37　SS7802/7804型示波器校准检测

检测结果如图4-38所示。

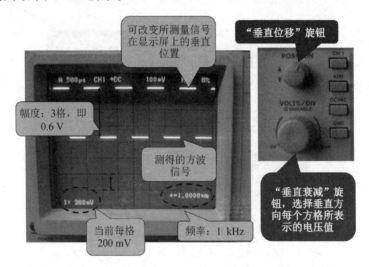

图4-38　SS7802/7804型示波器校准结果

（2）垂直衰减比较

SS7802/7804型示波器测量同一正弦波，调节"垂直衰减"旋钮，改变垂直方向上电压的分辨率，观察波形的变化，如图4-39所示。

（3）叠加功能

SS7802/7804型示波器的"叠加"功能键位于"通道1"的Y轴调节区，可实现对两个通道输入信号的叠加，如图4-40所示。

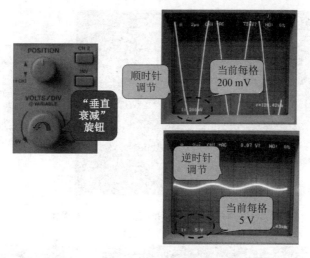

图 4-39　SS7802/7804 型示波器垂直衰减比较

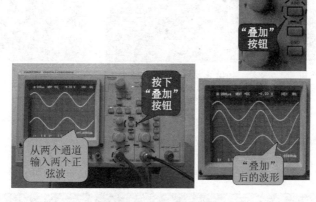

图 4-40　SS7802/7804 型示波器叠加功能展示

（4）接地操作

SS7802/7804 型示波器的接地操作如图 4-41 所示。

（5）两通道 Y 轴调节

SS7802/7804 型示波器的"通道 2"Y 轴调节与"通道 1"类似,都有"垂直位移""垂直衰减""接地"等功能键,操作完全相同,如图 4-42 所示。不过"通道 2"多了一个反向按钮。

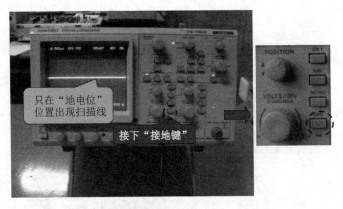

图 4 - 41　SS7802/7804 型示波器接地操作

(a) 反向按钮

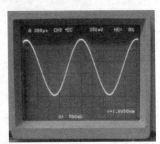

(b) 正常测得的正弦波

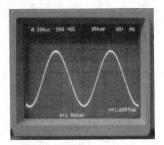

(c) 按下"反向按钮"后的波形

图 4 - 42　SS7802/7804 型示波器 Y 轴调节

(6) X 轴调节

SS7802/7804 型示波器的 X 轴调节可同时控制两个通道,如图 4 - 43 所示。

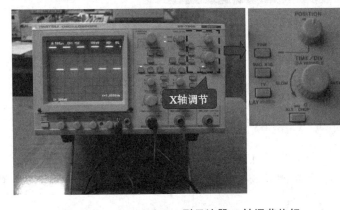

图 4 - 43　SS7802/7804 型示波器 X 轴调节旋钮

通过 X 轴调节,可改变所测量信号在显示屏上的水平位置,结果如图 4 - 44

所示。

(a) 逆时针旋转，向左平移　　　　　　　　(b) 顺时针旋转，向右平移

图 4－44　SS7802/7804 型示波器 X 轴调节效果

图 4－45(a)为"扫描时间选择"旋钮，选择扫描速度。显示结果如图 4－45(b)和(c)所示。

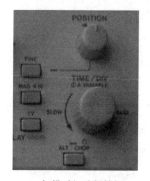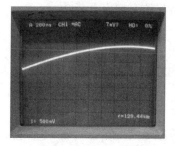

(a) 扫描时间选择按钮　　　　(b) 200 ns时显示结果　　　　(c) 20 μs时显示结果

图 4－45　SS7802/7804 型示波器时间调节

使用 SS7802/7804 型示波器测量同一正弦波时，调节"时间选择"旋钮，改变扫描速度，观察波形的变化。逆时钟调节，扫描速度变慢，则会造成观察不到一完整周期的正弦波；顺时针调节，扫描速度变快，则会观察到多个周期的正弦波。

(7) 波形稳定调节

SS7802/7804 型示波器的波形稳定调节通过调节"触发电平"实现，该旋钮位于"触发设置"区。旋钮和波形显示如图 4－46 所示，图 4－46(b)不稳定的波形经过"触发电平"调节之后得到图 4－46(c)所示的稳定波形。

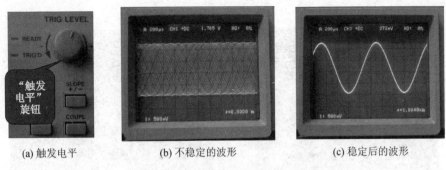

(a) 触发电平　　　　　(b) 不稳定的波形　　　　　(c) 稳定后的波形

图 4 - 46　SS7802/7804 型示波器波形稳定调节

4.4.3　MDO - 2302AG 示波器

　　MDO - 2302AG 是一款多功能混合域数字示波器。该款示波器有 2 个信号输入通道，每个通道都有 20M(即 2 千万个)的存储深度。其带宽达到 300 MHz，实时采样率最高可达 2 GSa/s。这款示波器还提供最高扫宽达 1 GHz 的频谱分析仪功能，同时也提供任意波信号发生器和频率响应分析功能。

(1) 仪器面板与用户界面

　　MDO - 2302AG 示波器的前面板布局如图 4 - 47 所示，前面板说明如表 4 - 7 所列。

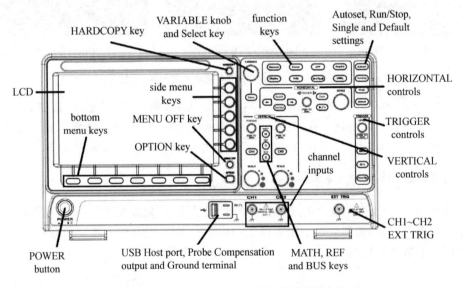

图 4 - 47　MDO - 2302AG 示波器前面板布局

表 4 - 7 MDO - 2302AG 示波器前面板说明

名 称		功能说明
POWER button		电源开关键
LCD		8 寸 WVGA TFT 彩色液晶显示器,800×480 分辨率
OPTION key		用于访问已安装的选项
side menu keys		用于选择 LCD 屏上的界面菜单
bottom menu keys		用于选择 LCD 屏上的界面菜单
HARDCOPY key		用于选择保存或打印
VARIABLE knob and Select key		VARIABLE 可调旋钮用于增加/减少数值或选择参数,Select 按键用于确认选择
function keys 功能键	Measure	设置和运行自动测量项目
	Cursor	设置和运行光标测量
	APP	设置和运行应用
	Acquire	设置捕获模式,包括分段存储功能
	Display	显示设置
	Help	帮助菜单
	Save/Recall	用于存储和调取波形、图像、面板设置
	Utility	可设置 HARDCOPY 键、显示时间、语言、探棒补偿和校准;进入文件工具菜单
	Autoset	自动设置触发、水平刻度和垂直刻度
	Run/Stop	停止或继续捕获信号,也用于运行或停止分段存储的信号捕获
	Single	设置单次触发模式
	Default	恢复初始设置
HORIZONTAL controls 水平控制	HORIZONTAL POSITION	用于调整波形的水平位置,按压旋钮将位置重设为 0
	SCALE	用于改变水平刻度(TIME/DIV)
	Zoom	Zoom 与水平位置(POSITION)旋钮结合使用
	Play/Pause	▶/Ⅱ 用于查看每一个搜索事件,也用于在 Zoom 模式播放波形
	Search	进入搜索功能菜单,设置搜索类型、源和阈值
	search arrows	← → 搜索方向键用于引导搜索事件
	Set/Clear	当使用搜索功能时,Set/Clear 键用于设置或清除感兴趣的点

名　称		功能说明
TRIGGER controls 触发控制	LEVEL knob	用于设置触发准位,按压旋钮会将准位重设为 0
	Menu key	显示触发菜单
	50% key	触发准位设置为 50%
	Force-Trig	立即强制触发波形
VERTICAL controls 垂直控制	VERTICAL POSITION	设置波形的垂直位置,按压旋钮将垂直位置重设为 0
	channel menu key	按下 (CH1) (CH2) 按键设置不同通道
	SCALE knob	设置通道的垂直刻度(TIME/DIV)
EXT TRIG(external trigger) input		外部触发信号输入通道
MATH key		设置数学运算功能
REF(reference) key		设置或移除参考波形
BUS key		设置串行总线
channel inputs		接收输入信号,有两个通道,分别是 CH1 和 CH2
USB Host port		Type-A,1.1/2.0 兼容,用于数据传输
Ground terminal		⎓⊥ 用于连接待测物的接地线,共地
Probe Compensation output		⎓ 2V ⊓ 用于探棒补偿。该端口也具有一个可调输出频率,在默认情况下,该端口输出 2 V 峰峰值方波信号,1 kHz 探棒补偿

　　MDO - 2302AG 示波器的后面板布局如图 4 - 48 所示,后面板说明如表 4 - 8 所示。

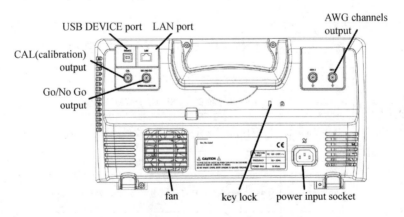

USB DEVICE port　LAN port
AWG channels output
CAL(calibration) output
Go/No Go output
fan　key lock　power input socket

图 4 - 48　MDO - 2302AG 示波器后面板布局

表 4 - 8 MDO - 2302AG 示波器后面板说明

名 称	功能说明
CAL(calibration) output	校准信号输出,用于精确校准垂直刻度
USB DEVICE port	USB DEVICE 接口用于远程控制
LAN port	通过网络远程控制,或结合 Remote Disk App,允许示波器安装共享盘
AWG channels output	输出 GEN1 或 GEN2 信号
power input socket	电源插座
key lock	安全锁槽
Go/No Go output	以 500 μs 脉冲信号表示 Go/No Go 测试结果

图 4 - 49 展示的是 MDO - 2302AG 示波器主显示屏用户界面的一般说明,用户界面说明如表 4 - 9 所列。由于在激活示波器的不同功能时显示屏会发生变化,想了解更加详细的信息需要参阅示波器的用户手册。

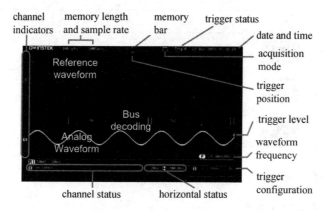

图 4 - 49 MDO - 2302AG 示波器用户界面

表 4 - 9 MDO - 2302AG 示波器用户界面说明

名 称	功能说明
analog waveform	显示模拟输入信号波形,Channel1——黄色,Channel2——蓝色
bus decoding	显示串行总线波形,以十六进制或二进制表示
reference waveform	可以显示参考波形以供进行比较或其他操作
channel indicators	显示每个开启通道波形的零电压准位,激活通道以纯色显示
trigger position	显示触发位置
horizontal status	显示水平刻度和位置
date and time	当前日期和时间

名　称		功能说明
trigger level		显示触发准位
memory bar		屏幕显示波形在内存中所占比例和位置
waveform frequency		显示触发源频率
trigger configuration		触发源配置，包括斜率、电压、耦合方式
horizontal status		水平状态，包括水平刻度和水平位置
channel status		输入通道状态
trigger status 触发状态	Trig'd	已触发
	PrTrig	预触发
	Trig?	未触发，屏幕不更新
	Stop	触发停止
	Roll	滚动模式
	Auto	自动触发模式
acquisition mode 捕获模式		正常模式
		峰值侦测模式
		平均模式

(2) 仪器的操作方法

1) 开机设置与探头校准

① 接通仪器电源，按压示波器左下方的电源开关开机。开机后仪器执行所有自检项目，显示屏上出现开机画面。

② 如图 4 - 50 所示，将示波器探头上的拨动开关拨到×10 挡，并将探头与示波器的 CH1 通道相连接。将探头端部和接地夹接到探头补偿器的连接器上。

③ 按下前面板上的 Autoset 按键，几秒钟内可在屏幕上看到如图 4 - 51 所示方波（1 kHz 频率，2 V 峰峰值）。

在 CH2 通道上重复上面的②③两个步骤。

④ 按下 Display 功能键，在底部菜单设置向量 Vector 显示。

⑤ 检查屏幕所显示的波形，调节探头可调旋钮，直到补偿正确，如图 4 - 52 所示。

2) 基本测量操作

① 按下 channel 键开启输入通道。通道激活后，通道键变亮，同时显示相应的通

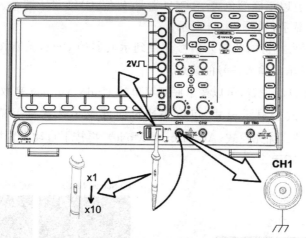

图 4 - 50　MDO - 2302AG 示波器探头连接与校准

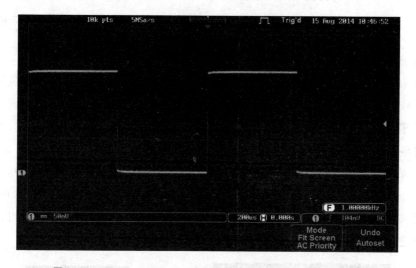

图 4 - 51　MDO - 2302AG 示波器自动设置模式下的校准方波

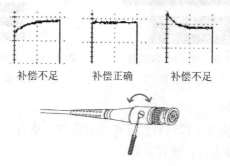

补偿不足　　　补偿正确　　　补偿不足

图 4 - 52　MDO - 2302AG 示波器补偿波形与探头调整

道菜单。两个通道以不同颜色表示,CH1 显示黄色,CH2 显示蓝色。激活通道的同时会在底部菜单显示,如图 4-53 所示。

② 先使用探头将待测的输入信号连接到示波器的 CH1,接着按下自动设置按钮,屏幕上就会显示出输入信号的波形。

③ 如需关闭自动设置,可以按下底部菜单的 Undo Autoset 来取消。

④ 如果需要改变显示模式,可以先通过底部菜单选择全屏幕显示模式(Fit Screen Mode)或 AC 优先模式(AC Priority Mode),再按下自动设置按键来改变显示模式,如图 4-54 所示。

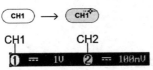

图 4-53　MDO-2302AG 示波器激活通道

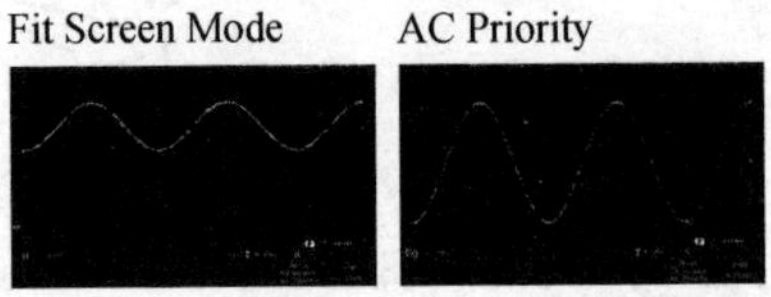

图 4-54　MDO-2302AG 示波器显示模式

3) 水平系统的使用

① 转动水平位移旋钮可以调整信号在波形窗口的水平位移,按压水平位移旋钮会将信号波形的水平位置重设为 0。

② 移动波形时,屏幕上方的内存条会显示当前波形和水平标记的位置,同时水平位置显示在屏幕下方 H 图标的右侧,如图 4-55 所示。

③ 旋转水平 SCALE 旋钮可以选择不同的时基扫速。将旋钮向左旋转,时基扫速变慢;向右旋转,时基扫速变快。时基扫速的变化范围为 1 ns/div~100 s/div。

④ 时基扫速显示在屏幕下方 H 图标的左侧,在屏幕上方的内存条处也会反映时基扫速快慢和显示波形大小之间的关系,如图 4-56 所示。

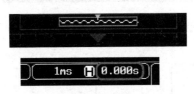

图 4-55　MDO-2302AG 示波器
波形水平位置的显示

图 4-56　MDO-2302AG 示波器时
基扫速的显示和对波形的影响

4) 垂直系统的使用

① 转动垂直位移旋钮可以调整信号在波形窗口的垂直显示位置,按压垂直位移旋钮会将信号波形的垂直位置重设为 0。

② 移动波形时,屏幕上会显示光标的垂直位置,如图 4-57 所示

③ 旋转垂直 SCALE 旋钮可以选择不同的垂直灵敏度。垂直灵敏度的变化范围

为 1 ns/div～100 s/div，垂直灵敏度的数值也会显示在屏幕的下方，如图 4 - 58 所示。

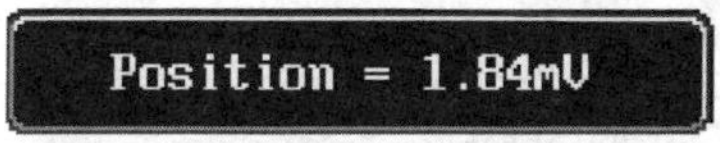

Position = 1.84mV

图 4 - 57　MDO - 2302AG 示波器
光标的垂直位置显示

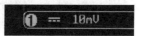

图 4 - 58　MDO - 2302AG 示波器
垂直灵敏度的显示

4.5　电　桥

图 4 - 59 为实验室现用的老款 TH2816 型 LCR 数字电桥。TH2816 型宽频 LCR 数字电桥是一种高精度、宽测试范围的阻抗测量仪器，最高可设定测试频率 150 kHz，可在 0.01～2.55 V 之间对测试信号电平进行编程；可以测量电感、电容、电阻等多种参数，基本涵盖了描述一个阻抗元件的所有参数。现在 TH2816 已停产，升级为 TH2816A 和 TH2816B，图 4 - 60 为 TH2816A/B 型数字电桥，与 TH2816 型不同的是，其可以选择 50 Hz～200 kHz 之间的测试频率，并可选择 0.01～2.00 V 之间以 0.01 V 步进的测试信号。其中 TH2816A 型可有 1.2 万个频率点，TH2816B 型有 37 个测试频率。

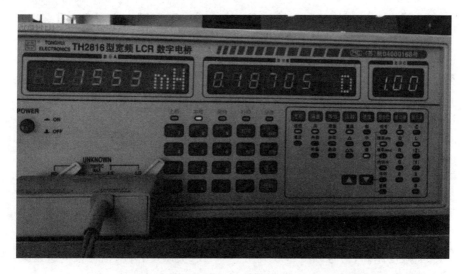

图 4 - 59　实验室现用(老款)TH2816 型 LCR 数字电桥

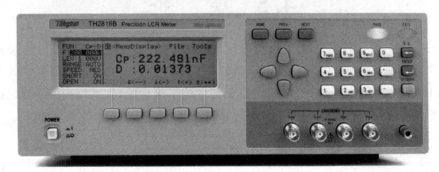

图 4 - 60　TH2816A/B 型数字电桥

实训练习:常用电子仪器的使用

通过学习,能够熟练操作上述电子仪器。

① 示波器的横轴(X),纵轴(Y)的单位分别是(　　　)。

A. 时间(s、μs、ms),电压(MV、V)　　　　B. 电压(MV、V),时间(s、μs、ms)

② 示波器不接收被测信号时屏幕上出现一条水平扫描线,是因为(　　　)。

A. 示波器扫描方式设定在连续扫描—自动(AUTO)状态

B. 示波器扫描方式设定在触发扫描—常态(NORM)状态

③ 示波器上显示的波形的个数与时基扫速的关系是(　　　)。

A. 扫速越快,波形个数越多　　　　　　　B. 扫速越快,波形个数越少

④ 示波器的垂直偏振灵敏度与信号幅度的关系是(　　　)。

A. 灵敏度越高,信号幅度越放大　　　　　B. 灵敏度越高,信号幅度越衰减

⑤ 测量被测电路输入端的静态电阻时需注意(　　　)。

A. 被测电路不能通电　　　　　　　　　　B. 被测电路必须通电

⑥ 用数字三用表欧姆挡不同挡位测量被测电路的输入电阻,则(　　　)。

A. 每个挡位测量的电阻值都相同　　　　　B. 每个挡位测量的电阻值不相同

⑦ 用示波器探头测量被测电路波形时,其黑夹子地线(　　　)。

A. 需要与被测电路输入端或输出端的负极相连

B. 需要与被测电路输入端或输出端的正极相连

C. 不需要连接,悬空即可

⑧ 用示波器在荧光屏上观测到 CH1 的信号如图 4 - 61 所示。若 CH1 的灵敏度为 0.2 V/div,则该信号的峰峰值为(　　　)。

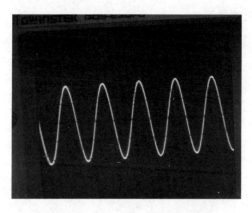

图 4 - 61　示波器荧光屏 CH1 信号

A. 0.2 V　　　　　　B. 0.4 V　　　　　　C. 0.8 V　　　　　　D. 1 V

⑨ 示波器显示波形不稳定的原因是(　　　)。

A. 触发源选择错误　　　　　　　　B. 辉光旋钮未调好

C. X、Y 轴移位旋钮位置调偏　　　　D. 触发电平不合适

⑩ 在模拟示波器的垂直偏转板上加一锯齿波信号,要想在荧光屏上完整观察到该波形,需要在水平偏转板上加(　　　)信号。

A. 正弦波　　　　　B. 锯齿波　　　　　C. 三角波　　　　　D. 方波

⑪ 为保证测量精度,灵敏度微调旋钮(VAR)必须处于(　　　)位置。

A. 校准位　　　　　B. 逆时位　　　　　C. 中间位　　　　　D. 其他位

⑫ 用示波器观测周期为 0.1 ms 的正弦电压,若在荧光屏上呈现了 3 个完整而稳定的正弦波形,则扫描电压的周期等于(　　　)。

A. 0.2 ms　　　　　B. 0.3 ms　　　　　C. 0.1 ms　　　　　D. 1 ms

⑬ 水平灵敏度也称为水平偏转系数,是指(　　　)。

A. 屏上 X 轴每一小格所代表的时间

B. 屏上 Y 轴每一大格所代表的输入电压值

C. 屏上 Y 轴每一小格所代表的输入电压值

D. 屏上 X 轴每一大格所代表的时间

⑭ 将信号发生器输出的 5 V 正弦信号接入示波器 CH1 后,发现荧光屏上只有一条水平亮线而没有被测信号,造成这种现象的原因可能是(　　　)。

A. 信号发生器输出开关没有打开　　　B. 通道选择不对

C. CH1 输入端耦合为 DC　　　　　　D. CH1 输入端耦合为 GND

⑮ 示波器正常,在未连接外部信号的情况下,开机后荧光屏上看不到光点,其原因可能是(　　)。

A. 水平调节旋钮位置不当

B. 所选通道的垂直调节旋钮位置不当

C. 聚焦调节旋钮位置不当

D. 触发源选择不对

第 5 章　电路图设计和仿真

5.1　Altium Designer

Altium Designer(简称 AD)是简单易用、与时俱进、功能强大的 PCB 设计软件。AD 软件主要包括原理图设计、PCB Layout、FPGA 设计、嵌入式开发等模块。

5.1.1　Altium Designer 软件发展历程

AD 是澳大利亚的奥腾公司(Altium)推出的强大的电子设计自动化(EDA)软件,Altium 公司的前身是坡跳(Protel)国际有限公司,于 1985 年在澳大利亚创立,致力于开发基于个人计算机的辅助工程软件。早期该公司推出电路设计软件 DOS 版的 Protel,后来推出了较为成熟的 Protel 99,而作为新一代设计软件的 Altium Designer 具有基于 Windows 界面的风格,同时其集成平台技术为电子设计系统提供了原理图、PCB 版图等多种编辑器的兼容环境。图 5-1 展示了 Altium 公司及 AD 的发展历程。

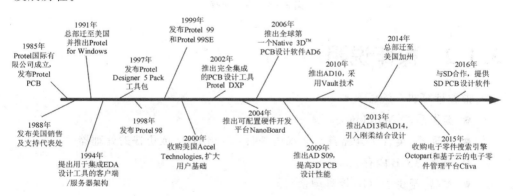

图 5-1　Altium 公司及 AD 发展历程

电路设计通常分为四步,分别是原理图元件库设计、PCB 元件库设计、原理图设计、PCB 设计,其中,原理图元件库、PCB 元件库是可以复用的,以下内容将依次讲解每一部分的设计方法。

Altium Designer 软件在安装之后默认语言是英文,可以选择"DXP"→"Preferences"菜单项,如图 5-2 所示,在弹出的对话框中依次选择"System""General",然后单击

"Use localized resources"(如图 5 - 3 所示),重启 Altium Designer,菜单稍后会变为中文。

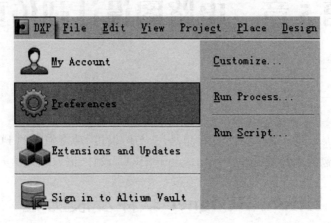

图 5 - 2　DXP 菜单

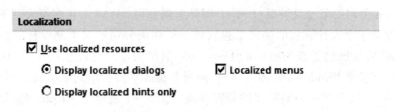

图 5 - 3　中文选择

5.1.2　操作说明

推荐计算机系统配置如下:

- 操作系统:Windows。
- 处理器:英特尔®酷睿™ 2 双核/四核 2.66 GHz 或更快的处理器。
- 内存:2 GB 内存。
- 硬盘:至少 10 GB 硬盘剩余空间。
- 显示器:至少 1 680×1 050 (宽屏)或 1 600×1 200(4∶3)屏幕分辨率。
- 显卡:NVIDIA 公司的 GeForce® ®80003 系列,使用 256 MB(或更高)的显卡或同等级别的显卡。
- 并行端口(如果连接 NanoBoard - NB1)。
- USB 2.0 的端口(如果连接 NanoBoard - NB2)。
- Adobe® Reader ®软件 8 版本或以上。

AD 设计流程如图 5 - 4 所示。

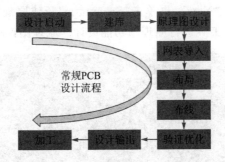

图 5-4　AD 常规 PCB 设计流程

5.1.3　从原理图到 PCB 综合设计流程

（1）设计启动：在设计前期要进行产品特性评估、元器件选型、逻辑关系验证等工作。

（2）建库：根据器件的手册创建逻辑零件库和 PCB 封装库。大多数元件可以从系统自带的元件库中获得，系统通常默认加载的两个常用库分别为 Miscellaneous Devices（常用电气元件杂项库）和 Miscellaneous Connector（常用接插件库）。

（3）原理图设计：首先如图 5-5 所示新建 Workspace 文件并保存，然后如图 5-6 所示，通过菜单栏 File 中的下拉菜单，选择建立新的工程文件并保存。同样可以通过菜

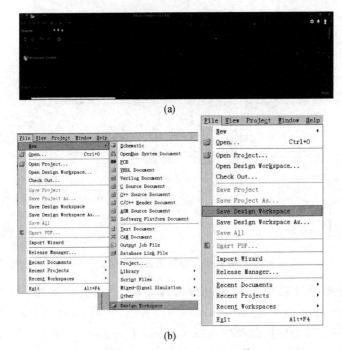

图 5-5　新建 Workspace 文件

单栏 File 下拉菜单选择"New",再单击"Schematic"新建原理图,此时即可在原理图画图区通过原理图编辑工具进行原理图功能设计。原理图设计示例如图 5-7 所示。

图 5-6　新建工程文件

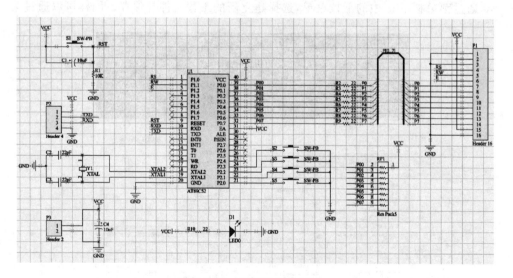

图 5-7　原理图设计示例

完成原理图设计后需要对其进行编译验证,通过执行菜单命令"Project"→"Compile Document 电子万年历.SchDoc"(文件名示例),或在"Project"面板中右击原理图文件,在打开的快捷菜单中选择"Compile Document 电子万年历.SchDoc"。对工程进行编译后,打开"Messages"面板,将显示电气规则检查报告,如图 5-8 所示。

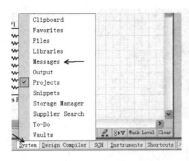

图 5 - 8　原理图编译验证示例

（4）网络表导入：将原理图功能连接关系通过网络表导入 PCB 设计的过程。

在此之前，首先选择 File→New→PCB 菜单项，新建一个 PCB 文件并命名保存，如"电子万年历.PcbDoc"，然后规划电路板尺寸，包括物理边界和电气边界，并把所需的所有元器件所在库添加到当前库中，保证原理图指定的元件封装形式都能够在当前库中找到。

然后在原理图编辑环境下，执行菜单命令"Design"→"Update 电子万年历.Pcb-Doc"；或者在 PCB 编辑环境下，执行菜单命令"Design"→"Import Changes From 电子万年历.PrjPCB"，操作和结果界面如图 5 - 9 所示。

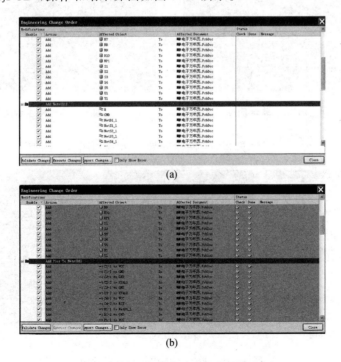

图 5 - 9　导入网络表过程及效果图示例

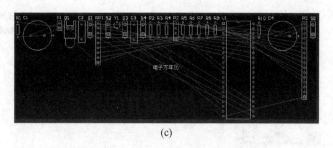

(c)

图 5 - 9　导入网络表过程及效果图示例(续)

（5）布局:结合相关原理图进行交互布局及细化布局工作,示例如图 5 - 10 所示。

（6）布线:通过布线命令完成相关电气特性的布线设计,效果示例如图 5 - 11 所示。

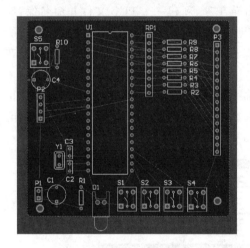

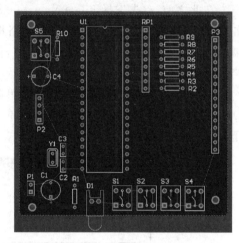

图 5 - 10　PCB 布局示例图　　　　　　图 5 - 11　布线示例图

接下来要对 PCB 进行灌铜操作,操作和效果示例如图 5 - 12 所示。

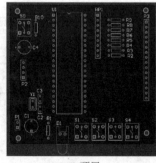

(a) 操作界面　　　　　　(b) 顶层　　　　　　(c) 底层

图 5 - 12　PCB 灌铜操作和效果示例

（7）验证优化：验证 PCB 设计中的开路、短路、可制造性设计（DFM）和高速规则。设计规则检查操作和报告结果示例如图 5 - 13 所示。

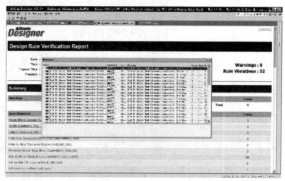

图 5 - 13　设计规则检查操作和效果示例

（8）设计输出：在完成 PCB 设计后，输出光绘、钻孔、钢网、装配图等生产文件。

（9）加工：输出光绘文件到 PCB 工厂进行 PCB 生产，输出钢网、器件坐标文件、装配图到 SMT 工厂进行贴片焊接作业。

5.1.4　原理图元件库的设计

Altium Designer 软件已经附带了一些原理图元件库，但是在设计中经常会遇到新的元件，此时可以从此元件的官网下载，或者自己绘制一个原理图元件库。

如图 5 - 14 创建工程之前需要先创建工作区，一个工作区可以包含若干个工程。依次单击"文件（F）""New""设计工作区（W）"，如图 5 - 15 所示，然后需要进行一次保存，单击"文件（F）""保存设计工作区"，选择路径并输入名字后，"projects"里的"工作台"左侧即出现所保存的名称。可以点击"文件（F）""当前工作区（T）"来切换工作区。

图 5 - 14　创建工程

依次用鼠标单击"文件（F）""New""Project..."，在如图 5 - 16 所示弹出的"New Project"对话框里输入路径和文件名，在"Project Types:"中选择"PCB Project"，在"Project Templates:"中选择"<Default>"，然后单击"OK"按钮，此时就创建了一个内容为空的工程。在工程名上右击鼠标，如图 5 - 17 所示，选择"给工程添加新的（N）""Schematic Library"，会出现原理图元件库编辑界面，此时需要依次单击"文件

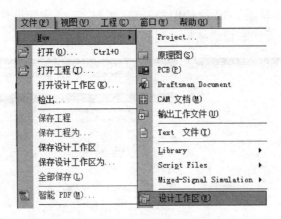

图 5 - 15　创建设计工作区

（F）""保存为（A）..."，输入文件名，这样该文件就被加载在了此工程里，如图 5 - 18 所示。建议在计算机中创建一份原理图元件库，其他的原理图元件可以引用此库。

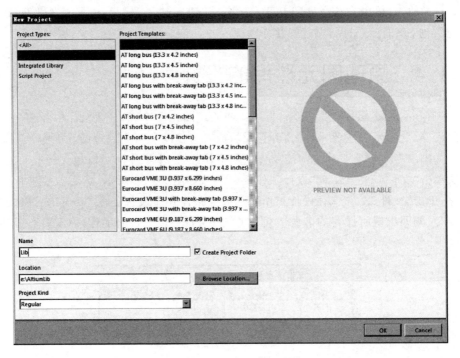

图 5 - 16　新创建工程对话框

　　在工程中双击原理图元件库文件名，然后单击"Projects"窗体下的"SCH Library"标签，可以进入原理图元件库编辑界面。单击菜单"工具（T）""新器件（C）"，在弹出的"New Componet Name"对话框里输入元件的名称如 STC89C52，在编辑界面工作区右击鼠标，在弹出菜单里选择"放置（P）"，或者在没有中文输入法的情况下直接按下 P 按键,选择"矩形(R)",绘制矩形区域。绘制完矩形区域之后,可以放置引脚,如果放置的引脚编号不是从 1 开始的,需要在放置引脚时按 Tab 键,弹出如图 5-19 所示的"管脚属性"对话框,在对话框"标识"编辑栏内输入 1,点击确定,然后点击鼠标放置。所放置的引脚编号会从设定的数字 1 开始,并且随后再点击放置的引脚编号会自动增 1。

图 5-17　添加原理图元件库

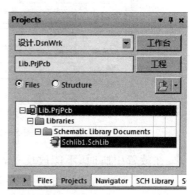

图 5-18　添加了原理图元件库的工程

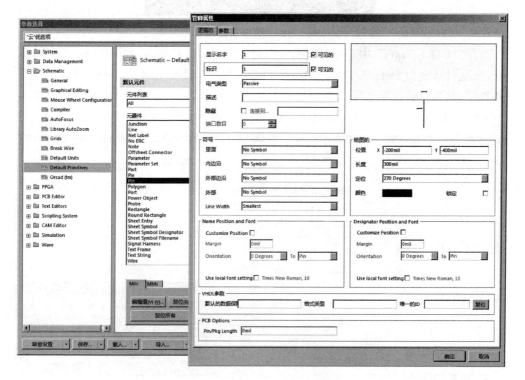

图 5-19　设定引脚开始顺序号

在编辑 STC89C52 元件的时候，发现有些引脚名称上面有横线，表示低电平有效。要做到在绘图中出现名称上有横线的效果，参照图 5-20 的方法，在字母的后面输入"\"即可。

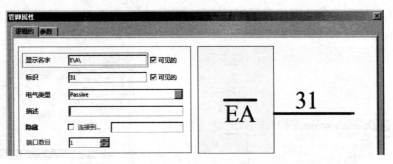

图 5-20　在引脚名称上添加横线

在放置引脚时，不能放反了，有四个小白点的引脚端是连接外部走线的，如图 5-21 所示，需要放在黄色矩形的外面。引脚可以设置长度，建议从 10、20、30 三个数据中选择，将电源线和地线的颜色分别设为红色、蓝色，以区别于其他管脚。

图 5-21　引脚接线端

在"SCH Library"中单击"编辑…"，弹出"Library Component Properties"对话框，在此对话框中 Default Designator 可以设为"U?"，Default Comment 可以填写元件型号，在此对话框里也可以添加自定义信息。此外，芯片还需要有一个封装，单击"Add…"添加一个"Footprint"封装，如图 5-22 所示。

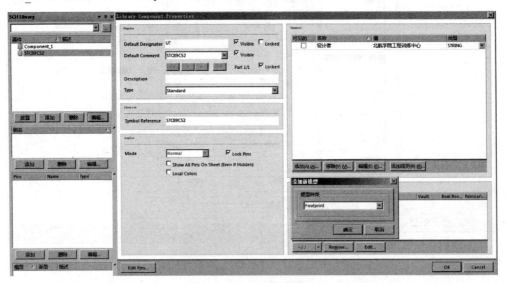

图 5-22　设置元件属性

　　在弹出的"PCB 模型"对话框中(图 5 - 23),输入封装名称和库路径,在"选择封装"中出现了相应的封装图形,说明软件已经发现了该封装。同一个芯片可能有多个封装,比如 STC89C52 有 LQFP - 44、PDIP - 40、PLCC - 44、PQFP - 44 几个封装,选择一个已有的或可以购买到的合适的封装即可。

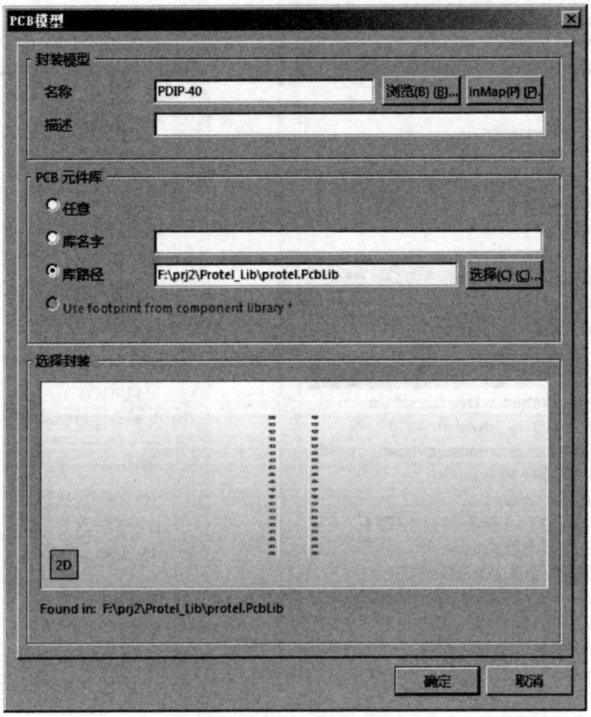

图 5 - 23　添加封装

　　某些芯片包含了多个功能相同的子部件,比如运放、逻辑门等,如果把元件拆分成多个部件,原理图设计效果会更好。在"SCH Library"中选中相关的元件(TL084),然后单击"工具(T)"菜单下的"新部件(W)"(图 5 - 24),在 TL084 下面即会出现 Part A 和 Part B 两个部件,再多次点击"新部件(W)",直到出现了 Part A 到 Part D 共四个部件,然后选择 Part A,在编辑区绘制放大器(图 5 - 25),可以选择"放置(P)""多边形(Y)"作为放大器背景,然后放置引脚,电源引脚可以单独放置在一个独立的部件上,也可以放置在第一个部件上。将每个部件都绘制完毕,此芯片原理图元件库即创建完成。

　　在原理图元件库绘图中,有时候可能需要精密绘制,此时需要设置比较小的栅格,点击"工具(T)"下的"文档选项(D)...",在弹出的"Schematic Library Options"对话框中将"捕捉"和"可见的"栅格设置为 1,绘图完毕,将其恢复为 10,如图 5 - 26所示。

图 5-24 放置新部件

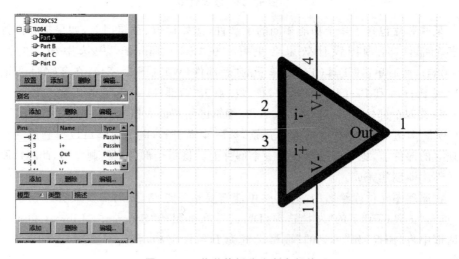

图 5-25 将芯片拆分为多个部件

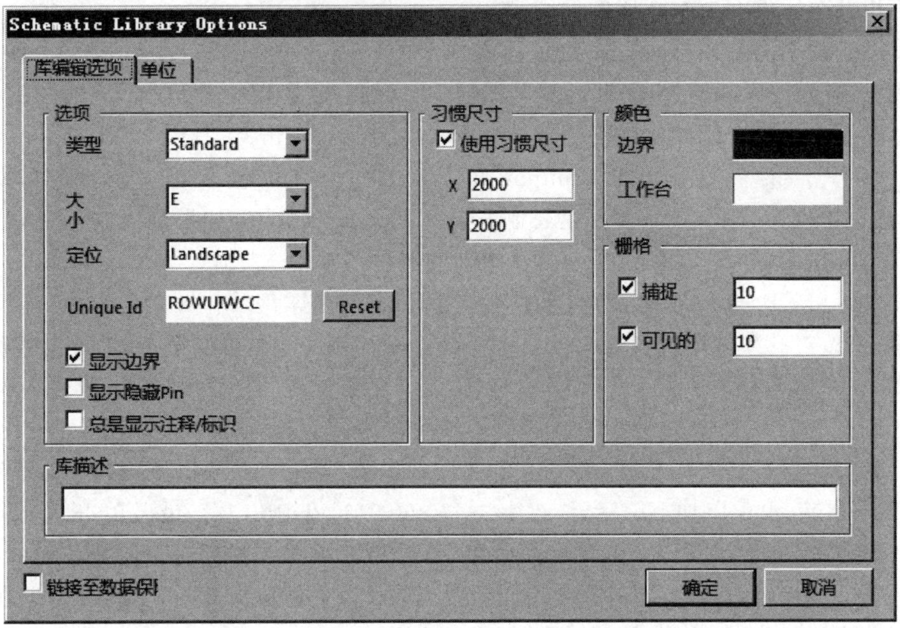

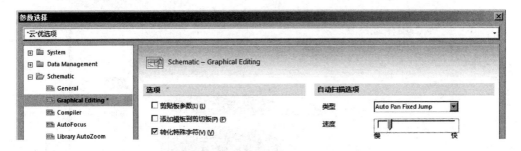

图 5 - 26 栅格设置

如果在放置引脚或其他时,鼠标滑动过快,导致有效显示滑到了屏幕外面,此时将速度调慢即可。单击"DXP""参数选择",调出参数选择对话框,在"Schematic"的"Graphical Editing"中,将速度向左("慢")调节,直到合适为止,如图 5 - 27 所示。

图 5 - 27 调节放置引脚时鼠标的滑动速度

5.1.5 PCB 元件库设计

由于要在原理图库中设置元件封装,所以 PCB 元件库的设计和原理图库的设计是同步开始的。PCB 库中的元件可以从器件设计厂商官网下载,由于一个元件可能有多个封装,所以还需要在实际的商品市场上查看,确认市场上存在哪种封装,然后进行设计。封装设计除了用原厂数据,也可以自己绘制或者在原有基础上进行修改。

下面以几个示例介绍封装库的设计。

在工程上右击鼠标,单击"给工程添加新的(N)"下的"PCB Library"菜单项,会出现 PCB 元件库编辑界面,此时需要保存一下,然后就可以编辑 PCB 元件库了。

接下来举例介绍使用向导生成"PDIP - 40"封装,单击"工具(T)"下的"元器件向导(C)..."菜单,在弹出的"Component Wizard"对话框中点击下一步,此时需要注意"选择单位:"的下拉框,如果是公制,选择"Metric(mm)",如果是英制,选择"Imperial(mil)",本例选择英制。在"从所列的器件图案中选择你想要创建的:"中选择"Dual In-line Packages(DIP)",然后点击下一步。在焊盘尺寸对话框里,点击尺寸数字,修改过孔尺寸,可以由 25 mil 改为 35 mil,其他尺寸也可以相应地加大,然后点击下一步(图 5 - 28)。在"间距"对话框里,上下相邻焊盘间距设为 100 mil,左右两侧焊盘间距对照 STC89C52 文档,应该是 600 mil,然后点击两次下一步(图 5 - 29)。在随后的"焊盘数目"对话框里,将数值修改为 40,在"名称"对话框里,可以输入名称"PDIP - 40",也可以加上前缀,修改为"STC89C52 - PDIP - 40",最后单击"完成"按钮,即完成封装设计。之所以要加上前缀,是因为有很多芯片拥有相同名称的封装,但是查看其文档,有些在具体的尺寸上有所差异,为了避免由此引发错误,可以在封装名称中添加前缀,指出其具体对应的芯片名称。

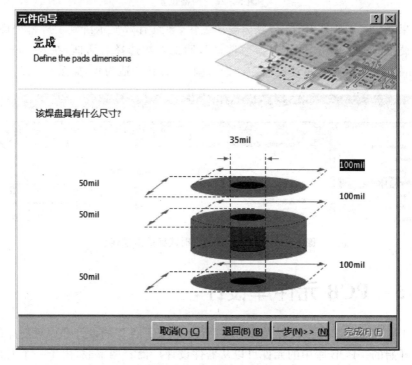

图 5 - 28　修改过孔尺寸

如果对封装进行修改,一个个地点击焊盘修改过于麻烦,可以使用批量处理的方

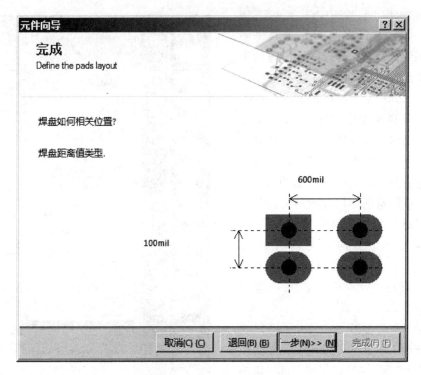

图 5 - 29　设置焊盘间距

式进行修改。按住鼠标左键,拉出一个矩形,选中左侧 20 个焊盘,注意不要选中 Top Overlay 层的竖线,然后按下 F11 按键,在弹出的对话框里,将"Y Size（All Layers）"的尺寸修改为 60(图 5 - 30),按下 Enter 或者 Tab 按键,此时所选择焊盘的尺寸都被修改了,如果觉得"X Size（All Layers）"过大,也可以用同样的方法进行修改;左侧 20 个焊盘修改完毕,用同样的方法修改右侧的 20 个焊盘。

通过查看 STC89C52 的官方文档,发现其除了拥有 PDIP - 40 封装,还有 LQFP - 44 封装,这种表面贴封装由于不需要打孔,基板的机械强度不会减小,并且容易焊接,其基板的背面也可以放置其他元器件,即占用面积小,PCB 印制板尺寸可以大大缩小,从而降低制作费用,所以这种封装比较常用。下面举例如何生成 LQFP - 44 封装。

要生成 LQFP - 44 封装,首先在向导里选择"Leadless Chip Carriers（LCC）",单位选择公制"Metric（mm）",焊盘的长度根据 STC89C52 的相关文档应该是 1 mm,如果是手工焊接,应该更长一些,为了计算简单,可以设定为该数值的两倍,也就是 2 mm 即可。焊盘宽度根据文档介绍,应该为 0.3 mm,可以适当加大,焊盘间距是 0.8 mm,焊盘宽度不能大于这个值,所以可以设定宽度为 0.5 mm(图 5 - 31)。在"焊盘间距"对话框中,需要计算纵向和横向的焊盘中心点间距,计算这个数据的方法如下。

根据图 5 - 32 中 STC89C52 的 LQFP - 44 尺寸图,可以知道其一侧有 11 个引脚、10 个焊盘间距,每两个相邻焊盘的间距是图 5 - 32 中的 e 尺寸 0.8 mm,10 个间距总尺寸是 8 mm,而 D 尺寸是 12 mm,由于焊盘延长了一倍,所以(D - 8 mm)/2 就是左纵侧焊盘中心点到上横侧左 1 焊盘中心点的间距,为 2 mm,如图 5 - 33 所示完成焊盘间距尺寸填写。封装第一脚根据厂家文档应为左上第一脚,引脚编号递增方向为逆时针方向(图 5 - 34)。在随后的对话框里每侧引脚数填写 11,最后点击完成即可(图 5 - 35)。

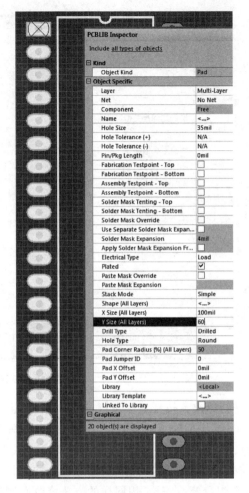

图 5 - 30 批量处理修改焊盘

对于向导生成的封装,还可以再进行修改,比如将焊盘延长、宽度减小。单击"察看(V)"菜单下的"切换单位(U)",注意查看左下角的坐标单位是否切换成了公制 mm。将鼠标放置在焊盘上,右击,在弹出的菜单中,单击"查找相似对象(N)...",在弹出的"发现相似目标"对话框中,"Object Kind"的 Pad 中选择"Same",然后点击"确定"(图 5 - 36);此时所有的焊盘处于选中状态,并弹出"PCBLib Inspector"对话框,在对话框中找到"X Size(All Layers)"和"Y Size(All Layers)"(图 5 - 37),将数值修改后,按下 Tab 按键,即可进入下一个编辑框中。

除了使用向导生成封装,也可以点击"工具(T)"下的"新的空元件(W)",然后手工编辑生成封装。在库元件编辑界面中,右击鼠标选择"放置(P)"下的"焊盘(P)"菜单,或者按下 P 按键,选择"焊盘(P)",放置焊盘。如果焊盘有很多个,可以把它们选中,然后按下 Ctrl+Shift+T,就会以最上面的焊盘为准,进行对齐;同理,Ctrl+Shift+B 是下对齐,Ctrl+Shift+L 是左对齐,Ctrl+Shift+R 是右对齐,Ctrl+Shift+V 是上下间距相等,Ctrl+Shift+H 是水平间距相等。如果鼠标不容易选中多个焊盘,可以按下 Shift 按键,然后用鼠标一一单击焊盘,完成选中多个焊盘。熟练使用快捷键,可以手动快速生成元件封装。

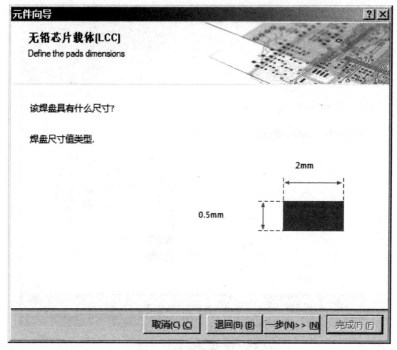

图 5 - 31 焊盘宽度和长度设定

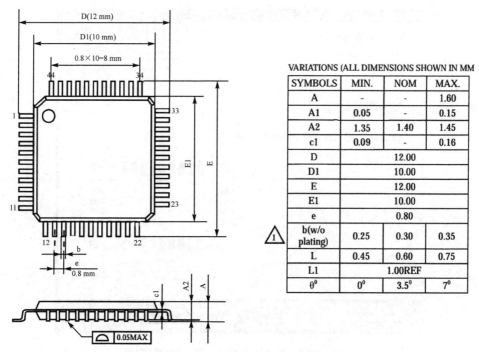

VARIATIONS (ALL DIMENSIONS SHOWN IN MM			
SYMBOLS	MIN.	NOM	MAX.
A	-	-	1.60
A1	0.05	-	0.15
A2	1.35	1.40	1.45
c1	0.09	-	0.16
D	12.00		
D1	10.00		
E	12.00		
E1	10.00		
e	0.80		
b(w/o plating)	0.25	0.30	0.35
L	0.45	0.60	0.75
L1	1.00REF		
θ^0	0^0	3.5^0	7^0

图 5 - 32 STC89C52 的 LQFP - 44 封装尺寸图

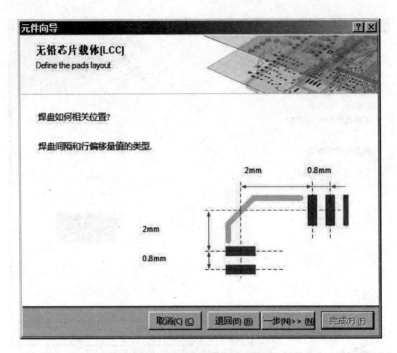

图 5 - 33　焊盘间距尺寸填写

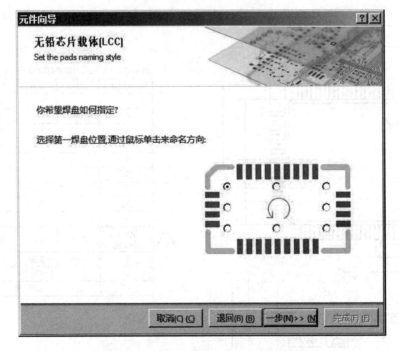

图 5 - 34　引脚递增方向和第一脚的设定

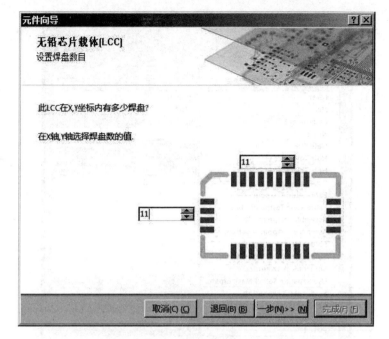

图 5 – 35　引脚数量设置

图 5 – 36　发现相似目标对话框

对于没有封装尺寸文档的元件，要进行 PCB 封装设计，可以如图 5 – 38 所示，用卡尺测量其各个关键数据，然后将透明直尺和元件底面放置在一起拍照，根据图片中的像素计算各个关键数据。

对于接插件的封装，建议在 Top Overlay 层写上焊盘的名称，如图 5 – 39 所示，即标注 JTAG 名称，这样可以减少接线错误，也方便排查故障。JTAG 接口（Joint

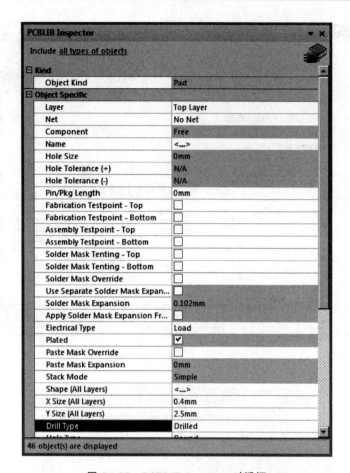

图 5 – 37　PCBLIB Inspector 对话框

图 5 – 38　用尺子对比拍照确认关键数据

Test Action Group,联合测试工作组）是一种国际标准测试协议（IEEE 1149.1 兼容），主要用于芯片内部测试及对系统进行在线仿真、调试。标准的 JTAG 接口是四线，即 TMS 、TCK 、TDI 、TDO ，分别为测试模式选择、测试时钟、测试数据输入和测试数据输出。不过现在 JTAG 的接口有 14 针接口和 20 针接口两种标准。

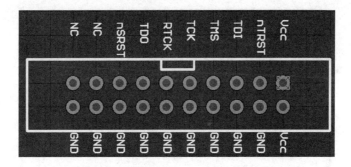

图 5-39 添加了说明文字的 JTAG 接口

除了自己建立封装库,也可以借鉴其他公司已设计好的封装库,集成在自己的库中。用 Altium Designer 打开已经设计好的封装库文件,然后按下 Ctrl＋A 进行全选,按下 Ctrl＋C 进行复制,此时需要确认一个参考点,通常选择第一个焊盘的中心点作为参考点;然后新建一个空元件,鼠标单击元件库界面,按下键盘 J、L 按键,在弹出的对话框中输入(0,0)坐标(图 5-40),然后按下 Ctrl＋V 进行粘贴,即完成了封装库元件的设计。

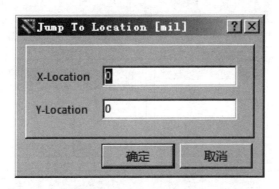

图 5-40 坐标点设定对话框

封装库支持 3D 视图。可以单击“放置(P)”下的“3D 元件体(B)”,在弹出的对话框中,对“3D 模型类型”选择“Generic 3D Model”(图 5-41),单击“Load from file...”按钮,选择相应的. STEP 文件,修改“Rotation X°”“Rotation Y°”“Rotation Z°”的数值,使 3D 视图和封装二维视图保持一致(图 5-42)。

如何在 PCB 库里检索封装? 半角“＊”和“?”是通配符,“?”代表一个字符的变量,“＊”代表可以是多个字符的变量,比如在检索栏输入“＊”,则可以检索查看所有封装,“＊IP”可以检索到 DIP20、PDIP-40 等多个封装,“? IP”可以检索到 DIP20 封装,PDIP-40 不能被检索到。

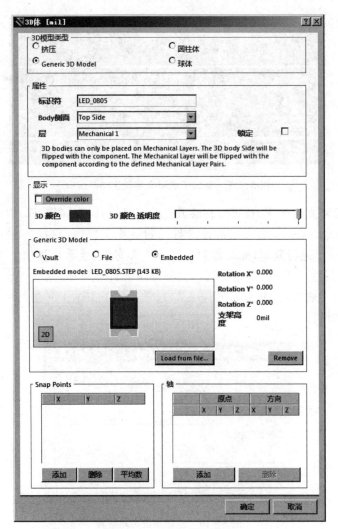

图 5－41　3D 元件对话框

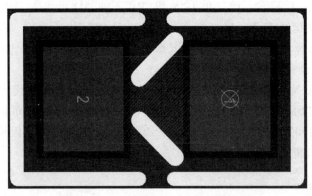

图 5－42　已经添加了 3D 视图的封装

5.1.6　原理图设计

关于原理图设计,此小节以 STC89C52 控制灯为例进行讲解。

在工程上点击鼠标右键,在弹出菜单中选择"给工程添加新的(N)"下的"Schematic",然后保存一次。

在原理图界面单击鼠标右键,在弹出菜单中选择"放置(P)"下的"器件(P)…"菜单项,或者按下键盘按键 P,选择"器件(P)…"菜单项。"放置端口"对话框中有可能不包含自己建立的原理图库,此时需要添加一下。单击"选择"按钮,在弹出的"浏览库"对话框中单击"…"按钮,在可用库对话框中单击"添加库(A)(A)…"按钮(图 5-43),找到自己的库文件,如果在目录下没有出现库文件,可能是文件类型不一致,可以在"文件类型(T)"下拉框中修改为"Schematic Libraries (* . SCHLIB)"。

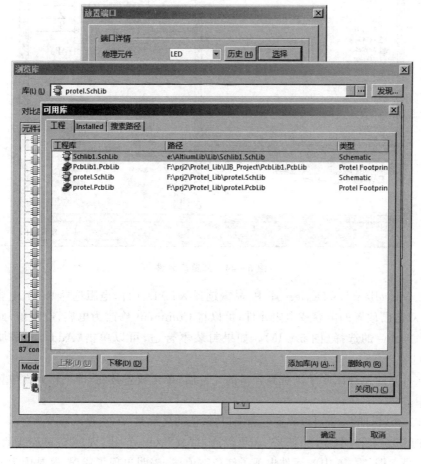

图 5-43　添加库

关闭"可用库"对话框后,可以在"浏览库"对话框中选择自己所需要的库,然后可以对所有已设计的元件进行浏览,如图 5-44 所示。选择相应的元件后,单击"确定",选择端口对话框点击确定后,即出现了所选的原理图元件,然后移动到合适的位置后单击鼠标,即可放置元件到原理图中了。选中元件或者在放置元件时,在关闭输入法的情况下,按下空格按键,可以使元件旋转,按下 X 或者 Y 按键,可以使元件在 X 轴或 Y 轴坐标方向镜像翻转。

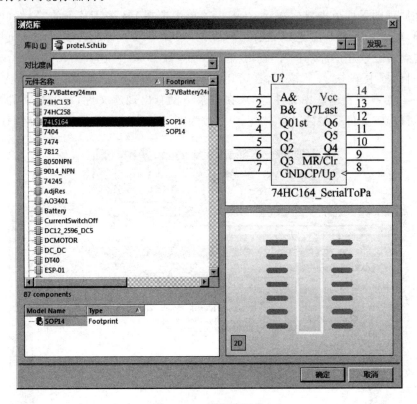

图 5-44 浏览库元件

在 Miscellaneous Devices 库中,晶振选择 XTAL 元件,电阻选择 Res2,电容选择 Cap。双击已放置的电容或电阻元件,可以将 Comment 修改为电容、电阻值,此时需要去除 Value 的选择(图 5-45)。如果封装不合适,可以单击"Add..."添加一个 0805 封装。

在打开的原理图库中浏览到合适的元件后,单击放置按钮,即可将元件放置到原理图中。

在二极管灯的正极可以放置电源端口,默认的名称是 VCC,建议修改为"+5 V";也可以在正极放置网络标号"+5 V";还可以通过"放置(P)""线(W)"菜单连线到+5 V 网络标号。图 5-46 中的元件出现了红色波浪线,表明出现了错误,这是因为元件名称都是"D?"导致的,此时不用着急修改名称,最后自动统一改名即可。

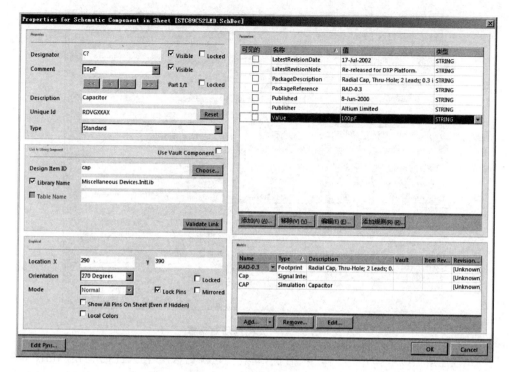

图 5-45 电容属性对话框

在放置网络标号时,其左下角要和元件有四个白点引脚的一端重合才行。通常来说是很容易重合的,这是因为在文档选项对话框中,将"捕捉"和"可见的"栅格值设定为 10,并选中;如果栅格值为 1,并且没有选择捕捉栅格复选框,有可能放置的网络标号和元件引脚并没有连接关系;如果在设计原理图库时将栅格设置为 1,引脚坐标值可能不在 10 的整数倍上,此时连线或网络标号可能不与元件引脚坐

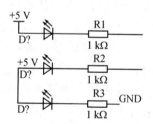

图 5-46 放置电源的几种方式

标重合,尤其相差±1 的没有连接的关系是不容易被发现的。为了使操作简单,减少出错,建议将原理图和原理图库的栅格值设为 10,并选中"捕捉"复选框。

如果图纸偏小了,也可以在"文档选项"对话框中进行修改,如果尺寸总是不合适,可以选中"使用自定义风格",然后输入合适的"定制宽度"和"定制高度"值,如图 5-47 所示。

放置完所有元件后,会有很多波浪红线,如图 5-48 所示,这种情况下需要修改一下元件名称,以避免有重名现象。由于在设计原理图元件库时,在编辑元件属性的过程中,"Default Designator"有半角"?",表示这是一个变量,可以被数字替换。所以我们可以让 Altium Designer 帮助自动命名。依次单击菜单项"工具(T)""Anno-

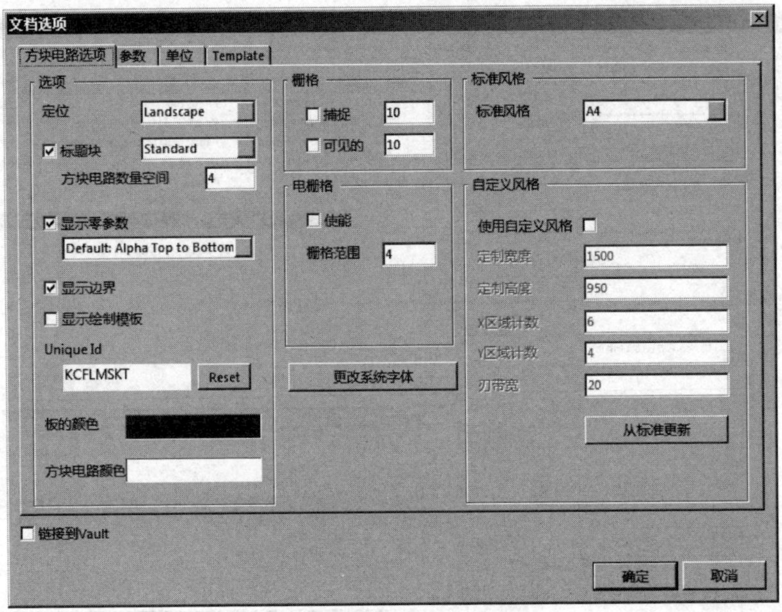

图 5 - 47　文档选项对话框

tation""注解（A）"，弹出"注释"对话框，单击"更新更改列表"，此时弹出"Infroma-
tion"对话框（图 5 - 49），告知有多少个元件名称已被修改。点击"OK"按钮后，"接收
更改（键 ECO）"按钮从灰色禁止变为正常有效状态，单击此按钮，会弹出"工程更改
顺序"对话框（图 5 - 50），点击"执行更改"按钮，在"检测"和"完成"列出现绿色对号
图形，将这些对话框全部关闭，再次查看原理图，名称都已经修改好了，红色的波浪线
也消失了（图 5 - 51）。

　　有些元件如果没有设置封装，或者是从 Miscellaneous Devices 库中选择的，但是
封装并不合适，需要一个一个点击进行修改。如果使用多选按下 F11 的方式或者右
击"查找相似对象（N）..."的方式都没有出现封装修改属性，可以将同类型元件其中
之一的封装改好后，修改名称并添加"?"字符，例如"R?"，然后进行复制粘贴，最后统
一修改名称即可。在 AD20 版本中是可以批量处理修改封装的。

　　已连接的连线，Altium Designer 会将它们合并为一个整体，一旦进行删除操
作，它们会被全部删除，如果只想删除一部分，可以单击"编辑（E）"下的"打破线
（W）"菜单项，然后再单击所连接的连线，连线会被拆分，然后选择想删除的部分，按
下 Delete 按键即可删除。

　　如果使用了"查找相似对象（N）..."，在随后弹出对话框中的 Description 选择
了 Same 而导致某些元件处于高亮状态，此时按下 Ctrl＋A 只能选中这些高亮的元
件，要解决这种情况（图 5 - 52），可单击右下角的"清除"即可恢复到正常显示。

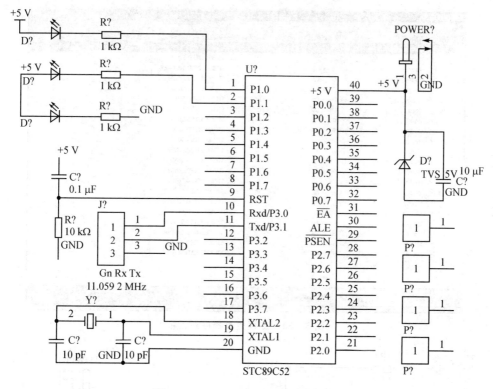

图 5-48　Altium Designer 重名报错

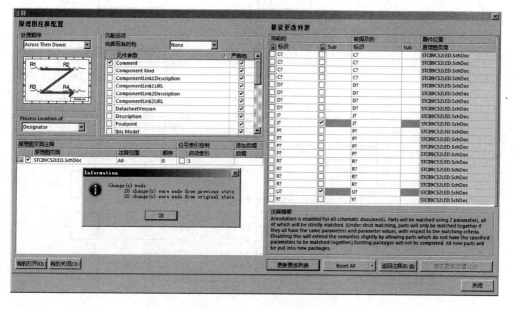

图 5-49　Information 对话框

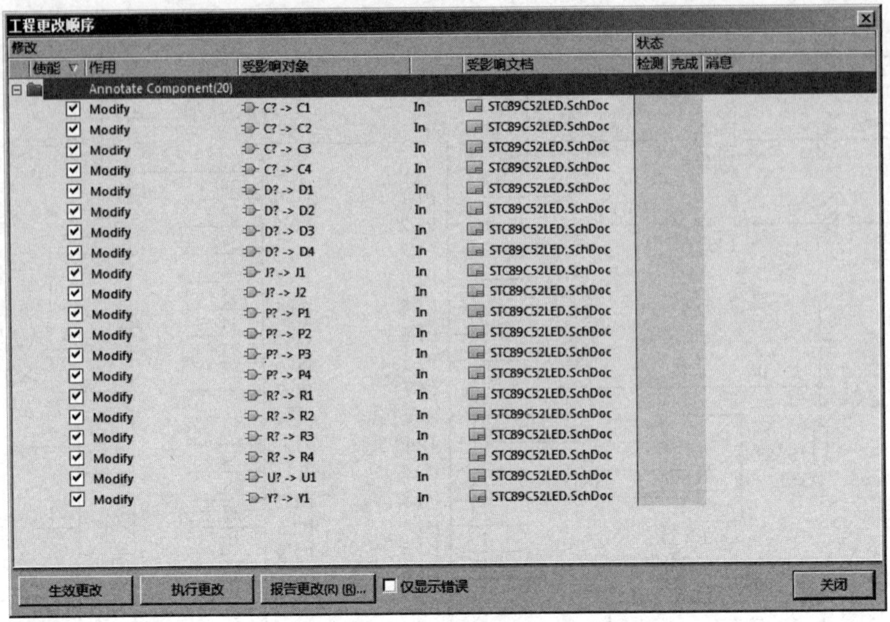

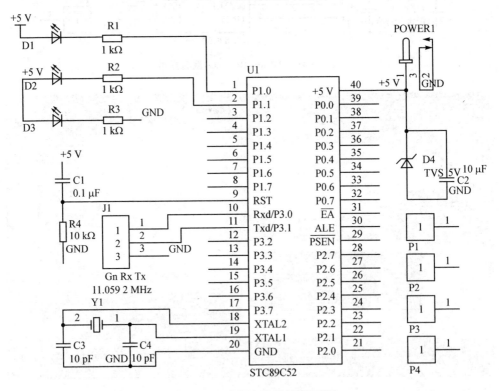

图 5 - 50　工程更改顺序对话框

图 5 - 51　改好名称后的原理图

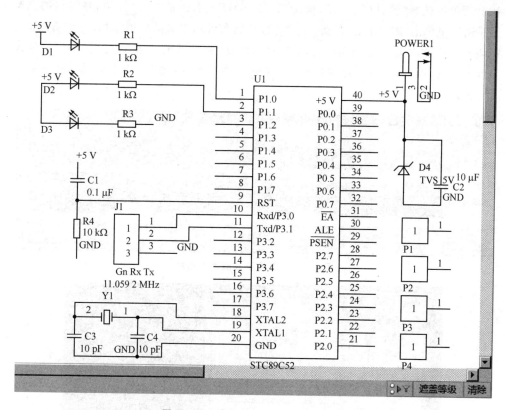

图 5-52 清除部分元件的高亮状态

5.1.7 PCB 设计

(1) 生成 PCB 电路

PCB 电路图可以由原理图生成,首先需要建立一个 PCB 文件,在工程上右击鼠标,然后依次单击"给工程添加新的(N)""PCB",保存文件。

如果 PCB 文件成功建立,原理图编辑界面的"设计(D)"菜单下会自动出现"Update PCB Document XXXXX. PcbDoc"菜单项,单击此菜单项出现"工程更改顺序"对话框,如图 5-53 所示。在"工程更改顺序"里不需要的选项不要选,比如"Add Rooms"选项,然后单击"执行更改"按钮,如果某一项正确,可以在"检测"和"完成"列看到绿色的对号,如果错误,则会出现红色叉号图案,并出现提示信息。通常出现错误的原因是原理图元件没有定义封装或者封装没有在封装库里找到,修改之后再次更新,直到所有的错误消失,拥有所有元件的 PCB 文件便生成了。有些软件版本出现错误的原因之一是没有找到封装库文件,这种情况下可以在 PCB 界面按下 P,在弹出菜单中选择"器件(C)...",单击"封装(F)(F)"右面的"..."按钮,在弹出的浏览库对话框里单击"库(L)(L)右面..."按钮,然后在可用库对话框里添加库(图5-54),安装库之后逐次退出,再单击更新菜单进行测试,会发现很多错误已经消失了。建议原理图元件的封装库使用绝对路径,这样更新时即使不添加库,也不会提示找不到库文件而出错。

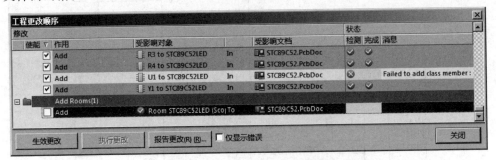

图5-53 工程更改顺序对话框

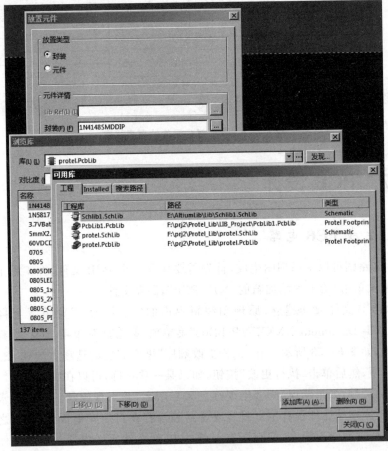

图5-54 安装封装库

（2）PCB 规则设置

在 PCB 界面选择"设计(D)→规则(R)"菜单项，可以打开"PCB 规则及约束编辑器"对话框，这里面有很多规则，此节将讲解几个需要我们注意的比较重要的规则。

依次点开树状控件的节点"Design Rules""Electrical ""Clearance""Clearance＊"，在对话框中可以看到各种类型之间的最小间距列表，一一修改非常麻烦，可以直接修改最小间隔图形右侧的数字，表中的各个间距都会发生改变（图 5 - 55）。最小间距由印制电路板制造厂家确定，可以设置为大多数厂商都可以接受的 8 mil。如果间距设定过小，相邻连线或焊盘容易出现短路或者弱导通现象。印制电路板中如果有精密封装元件，间距可以设定得小一些；如果没有，可以设定得大一些。

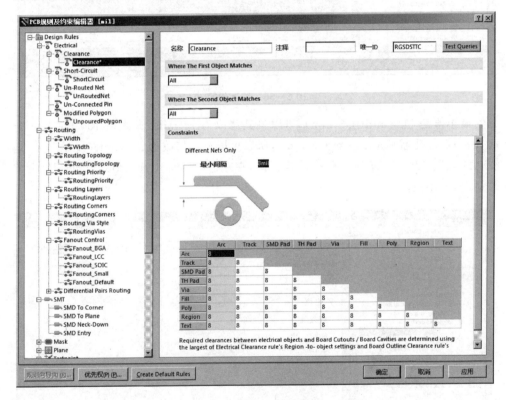

图 5 - 55　最小间距设定

依次点开树状控件的节点"Design Rules""Routing""Width""Width"，可以编辑顶层和底层的走线宽度（图 5 - 56）。如果印制板中有精密封装，线宽过大，就不能走通连线，可以将最小宽度设定得小一些；如果没有精密封装，可以设定得大一些。在线宽的最大宽度方面没有要求，可以设定得大一些。建议线宽最小值不小于 8 mil。

多数 Altium Designer 版本的孔尺寸默认设置都不合适，如图 5 - 57 最小值默认为 1 mil，最大值为 100 mil。其实 1 mil 的孔大多数印制板厂商都加工不了，比较常

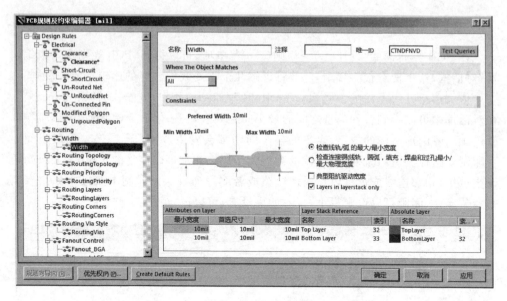

图 5 - 56　线宽设定

见的最小值是 11.8 mil(0.3 mm)，可以将其修改为 15 mil。最大值 100 mil 也不合适，因为定位孔通常是 118 mil(3 mm)，所以可以将其修改为 248 mil(6.3 mm)。走线孔的设置与图 5 - 57 所示单孔设置类似，在左边树结构中选"Routingvias"然后修改最大，最小值。

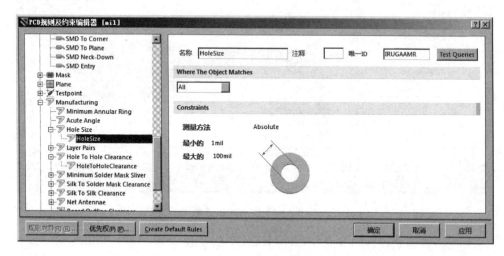

图 5 - 57　孔尺寸设置

（3）PCB 元件放置以及走线

在 PCB 板编辑界面，可以将多个元件选中，然后使用工具栏的一些按钮完成上对齐、下对齐、左对齐、右对齐、水平等间距、垂直等间距等任务,实现整齐摆放(图5-58)。在摆放时,上对齐即是所选的元器件与具有最上面坐标的元件对齐。如果走线密度比较大,则建议将有连接关系的元件放置在一起,这样容易走线,比如将晶振以及相关的电容放在一起,USB有关的芯片、电阻、电容放置在一起等。摆放定位孔时,使用"察看(V)"的"切换单位(U)",将坐标系统改为公制。定位孔不要紧邻元器件,因为定位孔穿螺柱之后还要放置螺母,投影面积会比定位孔本身大一些。

原理图生成PCB文件之后,有些情况下默认会不显示注释文本,这样设计是为了让印制电路板看起来比较干净些,如果某个元件需要显示出注释文本,则双击这个元件,在注释下不选"隐藏"复选框,点击确认即可(图5-59)。例如晶振处的电容和电源处的电容值差异很大,有些电容元件本身没有丝印,不容易发现位置放销而导致的焊接错误,比如电源电容是并联在一起的,测量电容两端得到的容量值并不是此电容的真实值,所以为了减少焊接错误,可以将这些电容的注释文本在印制板上显示出来。前面介绍图5-45时,建议将Value值放置在Comment处的原因就是因为这里可以修改是否隐藏,从而可以显示在电路板上,并且在报表里也有这一选项。

如果需要修改一批元件,可以用鼠标框选或者按下Shift按键,一个一个点击元件后,按下F11,在"PCB Inspector"对话框里选中或者取消选中"Show Name"和"Show Comment"的复选框,如图5-60所示,可以决定这些元件的名称和注释是否显示在电路板上。

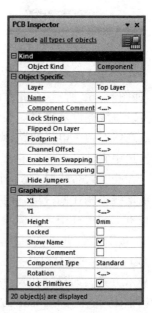

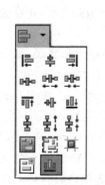

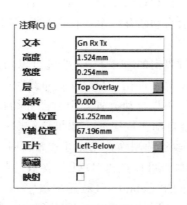

图5-58　工具栏的对齐
　　　等间距等按钮

图5-59　显示注释文本

图5-60　PCB Inspector 对话框

摆放元件完毕,需要定义板子的外形。单击"Keep-Out Layer"或者 Mechanical1,然后按下 P 按键,选择"走线(L)",绘制出构成封闭矩形的四条直线。按下 Shift 按键,依次点击各条直线,使它们处于选中状态,然后依次单击"设计(D)""板子形状(S)""按照选择对象定义(D)"菜单,即完成了板子的四边形定义。多选直线的第二种方法是单击其中一条直线,然后按下 Tab 按键,与之相连的所有直线就都会处于选中状态了。

　　走线的第一种方式是点击"自动布线(A)"下的"全部(A)..."菜单项,然后单击"Route All"按钮即可等待自动完成走线。

　　走线的第二种方式是手动布线,手动布线虽然比较慢,但是能在走线的过程中逐条优化,并能发现一些设计错误。右击鼠标,在弹出的菜单中选"交互式布线(T)",即进入手动布线方式。

　　在手动布线方式下按下 Shift+空格按键,即可以改变走线方式,连续按下该组合按键,走线方式会不断地切换,走线方式包括顺序调整下只走直角、直角倒圆角、45°斜线倒角、走任意角度的斜线、非直角倒圆角,可参考图 5-61 所示,通常使用 45°斜线倒角方式走线。

图 5-61　几种走线方式

　　在交互式布线时,按下 Tab 按键,可以弹出"Interactive Routing For Net"对话框,如图 5-62 所示,在此对话框里可以修改线宽、过孔尺寸等参数。走电源和地线时可以将线宽设定得粗一些。"自动移除闭合回路"选项也较为常用,其含义是如果两点之间有两个电气通路,则会自动断开一个。在走电源线时取消此选项,正常走线时再选中它。

　　在交互式布线时,按下小键盘上的"+","-"按键可以切换顶层和底层,如果和当前走线不是在同一层,会自动放置过孔。在交互式布线时,按下小键盘上的"*"或者按下 Ctrl+Shift+鼠标滚轮,可以自动放置一个过孔并切换当前层。在交互式布线时,按下 Ctrl 并单击鼠标,会自动完成走线。如果要删除一条走线,单击该线,按下 Backspace 按键可以一段一段连续删除。在交互式布线时,按下 Ctrl+W,可以改变显示方式。如果过孔尺寸太大,可以点击"DXP""参数选择",在弹出的参数选择对话框中,单击"PCB Editor"下的"Defaults",然后单击"Via",在弹出的对话框中即可修改直径和孔尺寸,如图 5-63 所示。可以单击"放置(P)""过孔(V)"菜单来放置过孔,如图 5-64 所示。在走某条线时遇到了已完成的线,如果要移动这些已完成的布线,按下 Shift+R,可以切换推挤模式,已布的线则被推挤移动或者不移动。

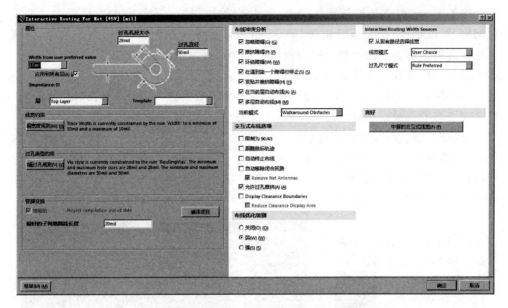

图 5 - 62　Interactive Routing For Net 对话框

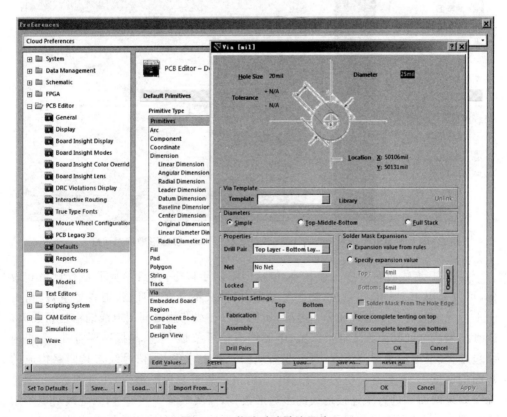

图 5 - 63　修改过孔默认尺寸

按下 P,选择"多边形敷铜(G)…",在弹出的如图 5-65 所示的对话框中,"链接到网络"可以选择 GND 或者电源,确认后,用鼠标单击四个点,然后右击鼠标,即可完成多边形敷铜。多边形敷铜可以放置在一个小区域中,也可以放置在板子的一面,还可以两面都放置。建议在放置多边形敷铜前,将规则中的间距设定大一些,敷铜后,再恢复原值。敷铜的作用是可以使电流电压在板上分布均匀,也可以减少噪声干扰。建议将敷铜放在最后处理。

走线时,焊盘与焊盘之间会显示飞线,随着飞线提示走线即可。如果飞线被隐藏了,可以按下 N 按键,然后单击"显示连接""全部"菜单项;如果需要高亮查看同一个网络标号的焊盘,在工程窗口下单击 PCB 标签,下拉列表框里选择 Fromt-To Editor,然后点击网络标号名,如图 5-66 所示,即可高亮显示。

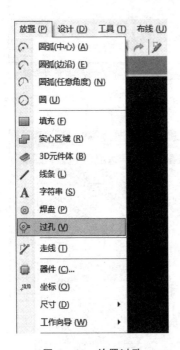

图 5-64 放置过孔

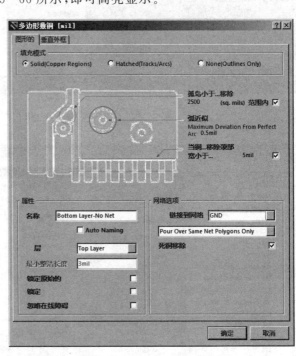

图 5-65 多边形敷铜对话框

在 PCB 走线时有一些注意事项,包括但不限于以下内容:尽量不要有直角和锐角,可以采用 45°拐角;尽量短,拐弯尽量少;信号线不要走成环路;走线尽量短粗,由于平行线之间有分布电容和分布电感,所以可以在线与线之间用地线铺铜进行隔离,或者线与线之间间距大于 3 倍线宽;电源线离信号线远一些;晶振不要打孔,要用地线包裹;线上尽量预留测试点;对有些高速信号线要求等长;信号线与其回路构成的环面积尽量小;不要有浮空的布线(图 5-67);如果有多边形覆铜,注意勾选"死铜移除";如果两面都进行了连接地线的多边形覆铜,需要放置一些地过孔;地线可以不用先全部连通,最后如果放置了连接地线的多边形覆铜,很多网络地线会连接起来。

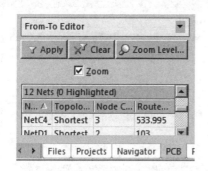

图 5-66　From-To Editor

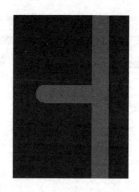

图 5-67　浮空的布线

在走线时,电源线和地线尽量粗一些。关闭自动移除闭合回路,电源线可以在某层围着板子走一圈,而地线在另一层也围着板子走一圈,这样做有很多优点,比如容易布线。Altium Designer 可以容易地查看某个网络的走线。在 Projects 所在的窗口,单击"PCB"标签,然后确认在"Nets"下拉框的下面选中了"Mask",然后单击"<All Nets>",在下面所列出的网络中,选中"GND",板子的地线就会点亮,其他变灰,此时容易观察到地线的形状。如图 5-68 中的地线,效果不好,因为 R3 离电源输入端太远,这样 R3 处的电压电流通常会比别处的偏小一些,要改善这种情况,一种方法是地网络多边形铺铜,另外一种方法是将地线走成一个封闭的图形即可(图 5-69)。观察图 5-68,还可以看到软件左下角有走线缩略图,可以浏览全貌。

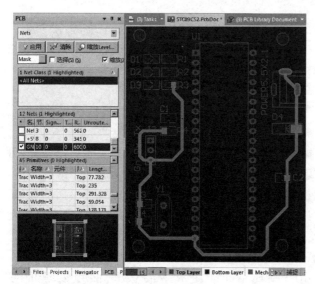

图 5-68　点亮地线

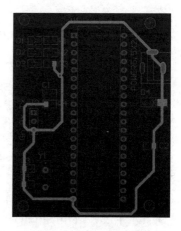

图 5-69　改善后的地线走线

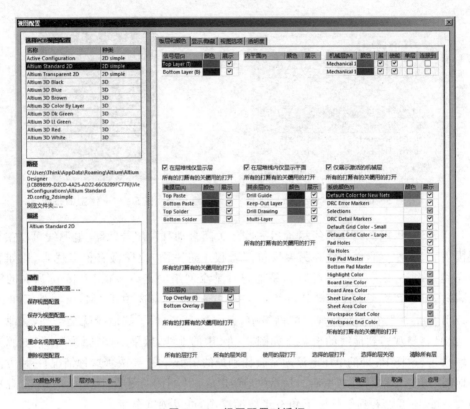

图 5 - 70　视图配置对话框

　　如果走完线,在软件里查看板子,会觉得杂乱,各种显示互相干扰,为了便于观察,可以将一些显示屏蔽掉。点击左下方"LS"标签左面的某种颜色的条块,可以弹出"视图配置"对话框,如图 5 - 70 所示,在此对话框中,可以取消某些层的选中状态,PCB 板子的相关层便不再显示。

(4) PCB 电路检查

　　Altium Designer 是可以根据设置的规则进行自动检查的。如果要启用检查,可以点击"工具(T)"下的"设计规则检查(D)...",会弹出"设计规则检测"对话框,如图 5 - 71 所示。在"设计规则检测"对话框里,需要注意"当...停止"后面的数值,如果过小,有些严重错误还没有检查出来,一般错误数已经达到此数值,则会停止检查,此时会导致最终板子无法使用,可以增大此数值。单击对话框左下角的"运行DRC(R)(R)..."按钮,此时软件开始对电路板进行检查,检查结束后,会提供一个"Design Rule Verification Report"检查结果。在结果汇总里,必须处理的是"Un-Routed Net Constraint""Short-Circuit Constraint",这些结果的数量必须为 0才行,可以点开查看,详细的汇报里会有坐标值,可以在 PCB 界面使用"J""L"按键跳到具体的坐标位置进行查看。如果规则里的孔尺寸最小值和最大值没有修改,

"Hole Size Constraint "也会报一些错误,在规则里修改后就不会报错了。有些报错可能与工艺有关,比如在焊盘上放置丝印字符,由于焊盘会镀锡,丝印字符会影响焊接,报"Silk To Solder Mask Clearance Constraint"错误,但是有些厂商不会在焊盘上放置丝印层字符,这样设计就不会产生影响,可以忽略。

图 5 - 71　设计规则检测对话框

　　如果在贴片元件的焊盘上已放置过孔,在焊接时,焊锡可能会通过过孔流出,如果是手工焊接,则可以忽略这个问题。

　　布线完成后,除了可以使用软件自动检查,还需要人工做下列检查:

　　① 板子上是否有定位孔,是否可以安装外壳或者固定板子。

　　② 板子上是否有发热元件,如果有,此元件下面需要打孔散热。

　　③ 板子的电源和地空间分布是否均匀,是否加粗了。

　　④ 板子上是否有容易产生干扰的电路(比如交流 220 V 电路),为了防止干扰,可以在与其他电路之间位置的 Keep-Out 层上挖槽,机械切开。

⑤ 定位孔位置,板子四边等是否在丝印层绘制了尺寸,这些尺寸对于加工、安装外壳有非常重要的指导作用。

⑥ 有对外接口的地方是否在丝印层印制了详细的说明,比如电源输入的接口是否有电压范围的字符串;通信接口是否有收、发、地等说明;电阻、电容、晶振等是否有参数方面的说明,防止焊错元件。相比于 Protel 早期的一些软件,后来版本的软件可以支持中文,比如丝印字符串可以使用中文,双击字符串,在弹出的对话框中,如果使用的是中文,要选择 TrueType 字体,如图 5 - 72 所示;如果不是中文,选择笔画即可。

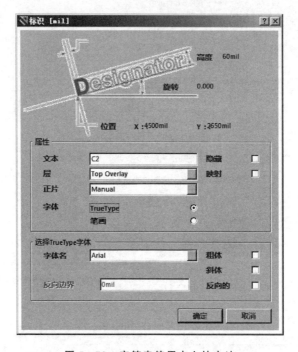

图 5 - 72　字符串使用中文的方法

⑦ 如果元件的体积比较大,或者质量比较大,则需要进行固定,比如打孔后穿入螺栓用螺母固定或者用穿绳、打胶等方式进行固定。

⑧ DRC 检查是否已经达到设定的最大数,如果达到了,应重设更大的数值。

⑨ 电源是否有接插件、开关、指示灯等,如果电源需要从外部引入,接插件是否有防反插设计。另外还需要注意的是,电源相关的元器件往往会发热,所以需要有散热设计。

(5) 报　表

单击"报告(R)"下的"Bill of Materials",可以弹出如图 5 - 73 所示的报表对话框,该对话框中通常会用到元器件的"Comment""Footprint"等信息,如果在对话框

的"文件格式(F)"下拉列表框中选择了 Excel 格式并勾选了"添加到工程(A)(A)",
再单击"输出(E)(E)...",就可以得到一个 Excel 文件,并且该文件被自动添加到了
工程中,可以打开它进行查看和打印。包含元器件的报表可以提供给采购用于购买
所需元器件。

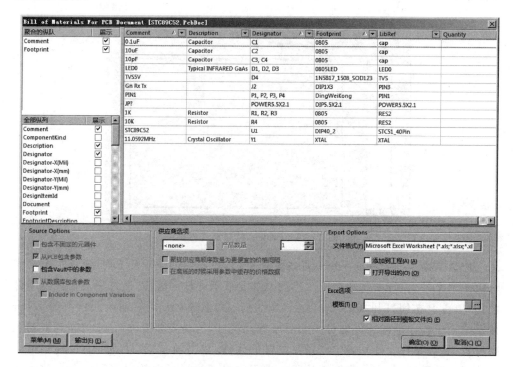

图 5 - 73 报表对话框

在"报告(R)"菜单中,有与测量相关的菜单项,可以实现对板子尺寸、线间距、焊
盘间距等的测量。在测量时,可能需要修改捕捉方式,双击右下角的"捕捉"标签可以
弹出与捕捉相关的菜单,可以点击相关的菜单项进行设置。

5.2 Proteus

5.2.1 Proteus 软件介绍

Proteus 软件是英国中央实验电子产品公司(Labcenter Electronics)开发的
EDA 工具软件,支持电路图设计、PCB 布线和电路仿真。Proteus 支持单片机应用
系统的仿真和调试,使软硬件设计在制作 PCB 板前能够得到快速验证,不仅节省成
本,还缩短了单片机应用的开发周期。Proteus 软件分为 ARES 和 ISIS 模块,ARES

用来制作 PCB，ISIS 用来绘制电路图和进行电路仿真。对于 Proteus 中芯片程序的编写和烧录需要配合使用 Keil 软件。

　　Proteus 软件操作界面图 5－74 所示，主要分为预览区、工具栏、画布绘图区和仿真按钮。

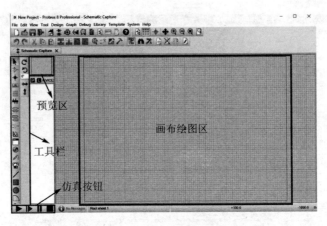

图 5－74　Proteus 软件操作界面

　　仿真电路图的绘制与 AD 软件的操作类似，首先要创建一个工程，建议每个工程对应一个文件夹，方便管理文件。然后添加元件到元件列表库，通过单击切换到组件模式，单击 P 按钮打开"Pick Devices"对话框，在"Keywords"栏输入元件符号，双击搜索结果中要添加的元件即可。随后放置元器件，需要遵循由大到小、由左到右的顺序放置，方法是在元件列表中选择要放置的元件，单击画布空白区域，通过移动鼠标到放置地单击即可，右击则取消放置。过程中可通过鼠标滚轮向前和向后来放大和缩小画布，通过单击预览区，移动鼠标，并单击确认来实现快速定位。移动元件位置可通过单击元件、拖动到新的位置再单击空白处来实现。元件的连接分为直接连接和标号连接两种。直线连接即通过鼠标移动到引脚端子，出现红色虚框后单击确定连线起点，移动鼠标到另一个端子或已有连线处后单击。其间可以单击空白处添加点来确定连线路径。标号连接则是通过将鼠标移动到引脚端子，单击确定起点，双击确定终点，使用 LBL 工具给引线命名（标号），具有相同标号的引线将在物理上连接在一起。完成电路图绘制之后即可通过单击"开始仿真"按钮开始仿真，此时管脚或节点电平将出现红、蓝和灰三种不同的颜色，红色表示高电平，蓝色表示低电平，灰色表示高阻态。类似地，暂停和停止仿真分别通过单击"暂停"或"停止"按钮来实现。在暂停状态下，可通过"Debug"菜单查看单片机的特殊寄存器和内部 RAM 内容。当芯片代码发生改变时，重新生成".hex"文件后，只需要停止仿真再重新开始即可，无须再次关联".hex"文件。

　　使用 Proteus 编写代码需要将输出设置为".hex"文件。

　　接下来用几个不同的实际例子介绍 Proteus 软件的仿真功能。

5.2.2　运算放大器的减法和放大电路

Proteus 早期版本只要直接打开软件就进入原理图编辑界面,后来的版本需要建立工程才能进入原理图编辑界面。

虽然我们可以实际设计和焊接具体的电路,但是如果能在原理上做出验证,就可以减少因不必要地反复修改制作而花费的时间和费用。

下面我们使用 Proteus 仿真一个运算放大器的减法和放大电路。这个电路是用于检测电池电压的,因为某种电池电压正常工作的变化范围是 48~54 V,如果直接使用电阻分压,10 位的 AD 转换器每个数据能代表 0.05 V,如果对 48 V 以下的电压不做检测,AD 转换器 0 值对应 48 V,1 023 对应 54 V,就充分使用了 AD 转换器,每个数据能够代表更小的电压值 0.006 V,能实现更高精度的电压检测。如何实现?可以使用减法运放电路减去一个分量,再放大即可。

图 5 - 75 即电压的是一个减法、射随、放大电路。首先使用 R1 和 R2 进行降压,U2 的三脚电压范围是 4.8~5.4 V,U2 和 U4 是电压跟随电路,目的是使前后电阻不会相互产生影响,比如 U2 是为了使 R1、R2、R4 不相互影响,U2 的输出和输入是相等的。U3 是一个减法运放电路,由于 R3、R4、R5、R6 是相等的,所以 U3 的输出是 R4 的左端电压减去 R5 的左端电压,从图 5 - 76 可以看出,信号减去了一个分量。U5 是一个放大电路,经过 U5 的放大,信号的最大值被调到接近 5 V。

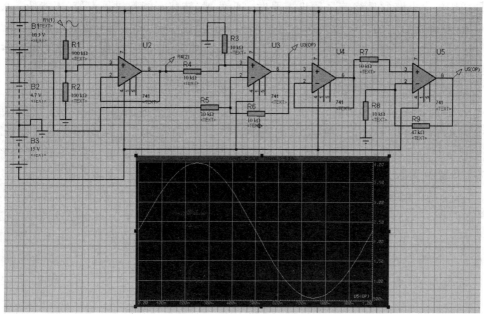

图 5 - 75　减法、射随、放大电路

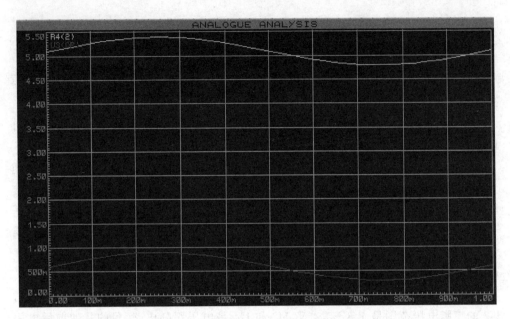

图 5 - 76　信号相减

实际的电路还需要进行一些处理,比如 AD 转换器需要有多路对电压进行检测。AD 转换器的第一路是对电池电压直接分压进行全范围检测,目的是能够检测出不在 48～54 V 范围之间的电压值。AD 转换器的第二路接入减法放大电路的输出,但是减法放大电路的最终信号输出需要做一些处理,使其不能超过最大值,不能低于最小值,以保护后端的 AD 转换器不会被损坏。在上电、断电时,对于一般的电路需要考虑对一些异常情况进行处理,比如断电时,需要有放电回路将电容中的电荷释放掉。

这个运放电路图是如何建立的? 点击软件左侧的运放图标,然后单击"P"图标,弹出"Pick Devices"对话框,如图 5 - 77 所示,在这个对话框的"Keywords:"文本框中输入 741,再按下 Enter 按键,在列表中选择 741(OPAMP)元件,单击"OK"按钮,此时在 Devices 列表中会自动列出这个元件,在原理图界面上单击鼠标,即可放置 741 运算放大器。电阻元件是 RES,电池是 BATTERY,可以双击电池修改电压。

R1 的上端是信号源,可以点击左侧正弦曲线的图标,在所列出的元件中单击 SINE(图 5 - 78),然后放置在合适的位置,并连线到 R1 电阻上。双击原理图中的信号源图标,弹出属性对话框(图 5 - 79),由于设定的电源电压范围是 48～54 V,所以这里选择偏移量 51 V,幅值 3 V。点击信号源后,将其拖入模拟图表中,查看曲线,确认设置是否正确。

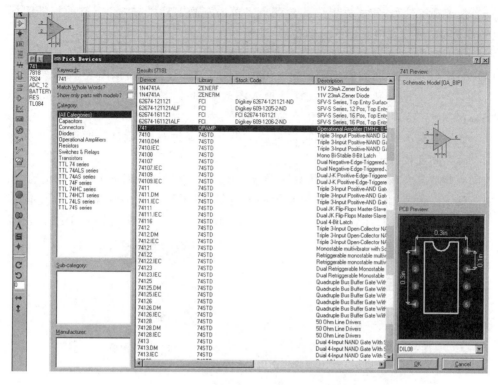

图 5 - 77 插入 741 运算放大器元件

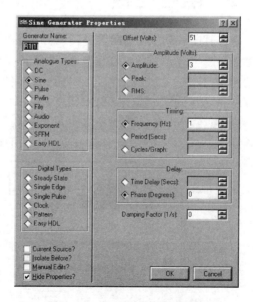

图 5 - 78 放置正弦信号源　　　　图 5 - 79 正弦信号属性对话框

　　为了观察信号,需要放置一些检测点。单击左侧工具栏有"V"字符的探针图标(图 5 - 80),放置在电路中的合适位置。

　　点击模拟图表左侧有曲线坐标轴的图标,然后在"GRAPHS"列点击"ANA-LOGUE"(图 5 - 81),在原理图编辑区绘出矩形区域即可添加模拟图表,如果要观察电路中各部分的变化,将信号或探针拖入图表中即可,选中图表后右击鼠标,选择"Simulate Graph",即可绘制出仿真曲线。

　　如果电路仿真结果不正确,可以多放一些探针,通过对比,确认问题所在,比如连线没有实际连接等情况。

　　有些情况会在仿真时提示仿真错误,这是因为仿真计算遇到了不收敛的情况,比如遇到了 0 数值,此时可以重设电路中的电阻值,使之不出现 0;如果修改了电阻等元件的数值后仍然提示错误,可以换一个元件,比如将 TL084 换成 741 再进行仿真。

图 5 - 80　电压和电流探针

图 5 - 81　模拟图表

5.2.3　阻容电路

　　本小节通过一个简单的阻容电路来介绍仿真示波器的使用。

　　建立如图 5 - 82 所示的阻容电路,电阻选择的是"RES",电容选择的是"CAP",输入信号源是在"GENERATORS"中选择的"SINE",示波器是在"INSTRU-MENTS"中选择的"OSCILLOSCOPE"。双击"SINE",弹出如图 5 - 83 所示属性对话框,波形选择"Pulse","Pulsed(High)Voltage:"输入 5,"Frequency(Hz):"输入10。单击左下角运行按钮,然后在示波器上右击鼠标,选择"Digital Oscilloscope",即

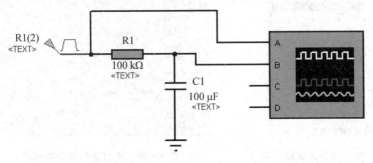
图 5 - 82　阻容电路

弹出示波器界面,在示波器下面输入周期 10 m(意思是 10 ms),即可以看到信号源的方波和电容上面的波形(图 5-84),修改阻容值,电容上面的波形会改变。

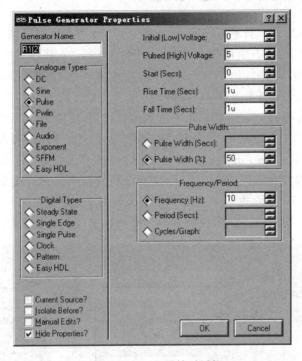

图 5-83 SINE 属性对话框

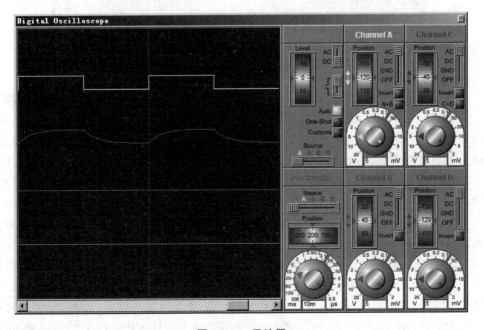

图 5-84 示波器

5.2.4　串行转并行电路

74HC164 芯片是串行输入、并行输出的芯片。1 脚和 2 脚是输入端,通常并联使用;8 脚是时钟输入,上升沿使得 12 脚 Q_G 电平转移给 13 脚 Q_H,11 脚 Q_F 电平转给 12 脚 Q_G,10 脚 Q_E 电平转给 11 脚 Q_F,6 脚 Q_D 电平转给 10 脚 Q_E,5 脚 Q_C 电平转给 6 脚 Q_D,4 脚 Q_B 电平转给 5 脚 Q_C,3 脚 Q_A 电平转给 4 脚 Q_B;1 脚、2 脚的输入转入 3 脚 Q_A,Q_A 传递给 Q_B……9 脚低电平起到清除作用,使输出全部为低电平。

从库里选择 74HC164 元件放到原理图里,发现这个元件没有电源和地,双击该元件,然后单击"Hidden Pins"按钮,弹出如图 5 - 85 所示"Edit Hidden Power Pins"对话框,上面的内容"GND"和"VCC"即是所隐藏的网络。在外面配置相关电路时,可以使用这些名字,保持共地、共电源。放置元件时,或者单击一下元件后,可以按下小键盘的"+""-"号进行旋转,按下 Ctrl＋M 可以实现左右镜像翻转。

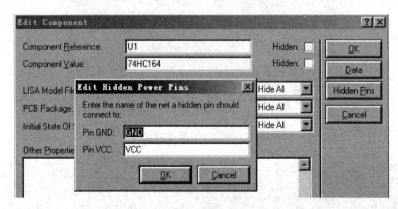

图 5 - 85　74HC164 元件

在库里选择 LOGICSTATE,连线接入 9 脚、8 脚、1 脚、2 脚,3 脚、4 脚、5 脚、6 脚、10 脚、11 脚、12 脚、13 脚分别接 LED - RED 元件,LED - RED 通过 50 Ω 的电阻接入 POWER,双击该元件将其名称改为 V_{CC},如图 5 - 86 所示。接入发光二极管是为了观察并行输出,也可以接入 LOGICPROBE 进行观察。单击 LOGICSTATE 可以实现改变 74HC164 的输入,然后观察其输出端所连 LOGICPROBE 或发光二极管的变化。

为了给各个元件统一编号命名,可以单击"Tools""Global Annotator..."菜单,实现各个元件自动编号。

除了手动点击输入变化,能否编辑一些电平变化循环输入给 74HC164?可以选择 PATTERN GENERATOR,然后将其输出的 Q1 接时钟(8 脚),Q2 接 A、B 输入(1、2 脚),9 脚接高电平,不清除 Q 输出(电路图见图 5 - 87)。双击 PATTERN GENERATOR,如图 5 - 88 所示,"Clock Rate:"输入 1 Hz(周期 1 s),"Reset Rate:"

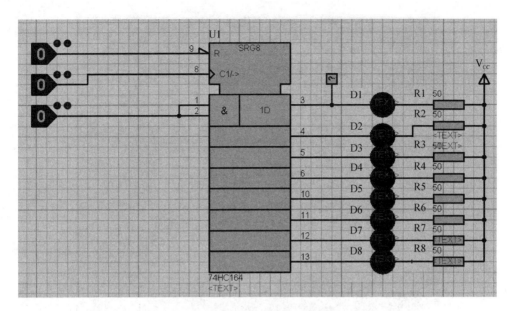

图 5-86　串行转并行电路

输入 31.25 MHz(周期 32 s),这样设计可以让复位周期是时钟周期的 32 倍,可以有 16 个时钟,前 8 个时钟数据线输入 1,后 8 个时钟数据线输入 0,可以实现 74HC164 的全 0 和全 1 输出。Pattern Generator 的运行时序是从右向左,波形数据需要保证 在时钟的上升沿保持不变。单击"运行"按钮,然后单击"暂停"(图 5-89),右击"Pat- tern Generator",通过"VSM Pattern Generator"菜单(图 5-90)可以打开其数据编 辑界面。由于 Q1 连接时钟,Q2 连接数据输入端,所以在 Pattern Generator 数值编 辑界面的第二行编辑波形,第三行编辑数据。74HC164 输出连接的是 VSM Logic Analyser,在运行时,单击"Capture",可以捕捉波形,并显示出来,如图 5-91 所示。

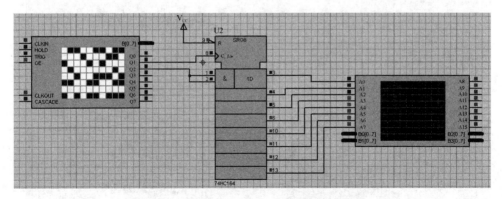

图 5-87　接 Pattern Generator 的电路

图 5 - 88　Pattern Generator 属性对话框

图 5 - 89　运行、单步、暂停、结束仿真按钮

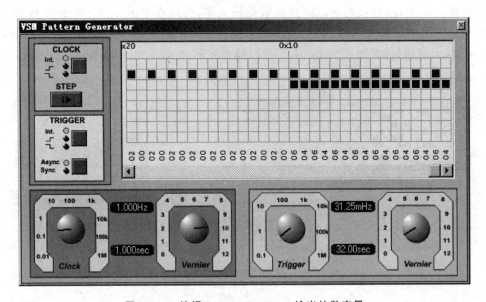

图 5 - 90　编辑 Pattern Generator 输出的数字量

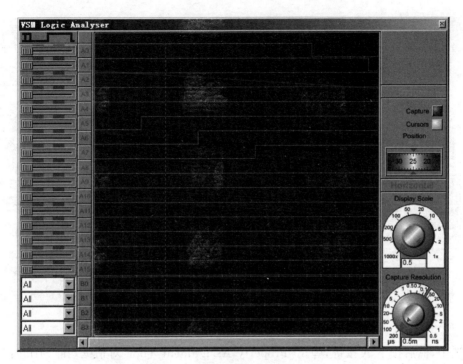

图 5 - 91　逻辑分析仪捕捉的波形

5.2.5　AT89C51 仿真电路

在库里选择 AT89C51、CRYSTAL、CAP、BUTTON、LED - RED、RES,然后完成如图 5 - 92 所示的电路。单击"Source""Add/Remove Source files"菜单,出现图 5 - 93 所示"Add/Remove Source Code Files"对话框,然后单击"New"按钮,输入一个文件名,"New Source File"对话框提示是否创建文件,确认,单击"Add/Remove Source Code Files"对话框右下角的"OK"按钮,退出。单击"Source"菜单,已经出现了所创建的文件名,单击该文件名,会进入图 5 - 94 所示的 Source Editor 界面,可以在此界面编辑源程序,也可以用其他编辑器将所创建的文件由其所在的路径打开进行编辑。编辑源程序完成后,单击"Source"菜单下的"Build All",如果没有错误,提示编译成功。编译成功则可以单击"Debug"下的菜单进行调试或者全速运行了。

"Debug"菜单下的"Execute"(F12)是全速运行,通过"Start/Restart Debugging"(Ctrl+F12)可以打开如图 5 - 95 所示汇编调试窗口,然后使用"Step Over"(F10)或者"Step Into"(F11)进行单步运行。在"Debug"菜单下可以打开"观察""寄存器""内存"等窗口。

电阻默认值是 10 kΩ,LED - RED 不会被动画点亮,如果修改为 50 Ω,则可以被点亮。如果一个一个地修改阻值过于繁琐,可以在箭头模式下用鼠标将它们全部框

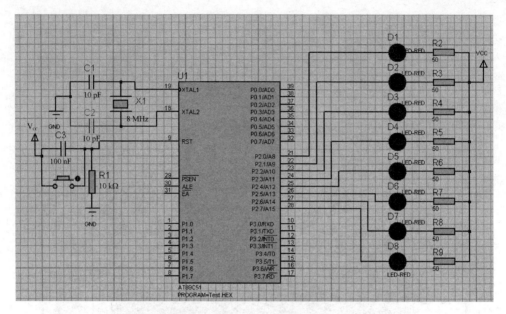

图 5 - 92　AT89C51 电路

选选中，然后按下 A 按键，弹出"Property Assignment Tool"对话框，在"String："编辑框中输入 VALUE=50，然后单击"OK"关闭它，此时所有被选中的电阻阻值则都变成 50 Ω 了。有时候仿真效果不是我们所设想的，可能是参数不合适，比如发光二极管不会亮，这是因为串联的电阻阻值太大的缘故，减小阻值就可以点亮发光二极管了。

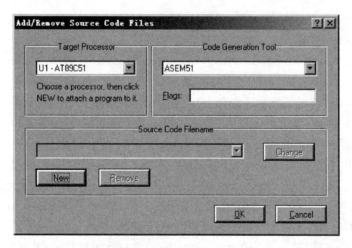

图 5 - 93　添加源程序对话框

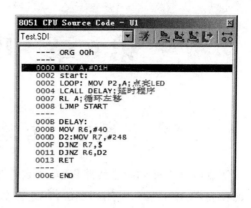

　　　图 5 - 94　**Source Editor**　　　　　　　　图 5 - 95　汇编调试窗口

　　为了调试单片机的串行通信,Proteus 提供了虚拟终端。

　　本章介绍了 Altium Designer 和 Proteus 软件的一些基本用法并以实例展开讲解,使学习者容易接受并能逐步熟练掌握。另外,Altium Designer 和 Proteus 还有很多功能,我们可以在今后的学习和工作中逐步了解、掌握更多相关功能。

第6章 电子工艺

6.1 电路板简介

印刷电路板又称印刷线路板,英文名称是 Printed Circuit Board,简写为 PCB,是按照预先设计的电路,利用印刷法,在绝缘基板的表面或其内部形成的用于元器件之间连接的导电图形技术,但不包括印制元器件的形成技术。由于它是采用电子印刷术制作的,故被称为印刷电路板,是重要的电子部件,是电子元器件的支撑体,也是电子元器件连接的提供者。PCB 简单来说就是能够安装、固定、连接集成电路和其他电子组件的薄板;在没有制成成品之前被称为敷铜板,是由环氧树脂和玻璃纤维压制成的板材(俗称玻璃钢)作为基板,再在其表面敷上铜箔制成。

印制板可以提供如下功能:

(1) 是为电子元器件提供固定、组装和机械支撑的载体。

(2) 实现集成电路等各种电子元器件之间的线路连接或绝缘,提供所要求的电气特性,如阻抗等。

(3) 为自动锡焊接提供阻焊图形,为元器件印制图形、文字等。

6.1.1 种 类

以 2.50 mm 或 2.54 mm 的两个焊盘之间的导线连接个数为标志,印刷电路板可以被分为:可以连 1 根导线的低密度印制板,导线宽度大于 0.3 mm;连 2 根导线的中密度印制板,导线宽度约为 0.2 mm;连 3 根导线的高密度印制板,导线宽度为 0.1~0.15 mm;连 4 根导线的超高密度印制板,导线宽度为 0.05~0.08 mm。

印刷电路板按照层数分类,可分为单面印制电路板、双面印制电路板、多层印制电路板。

印刷电路板按照基板材料的不同进行分类,可分为纸基印制板、玻璃布基印制板、合成纤维印制板、陶瓷基底印制板、金属芯基印制板等。

印刷电路板按照结构分类,可分为刚性印制板、挠性印制板、刚挠结合印制板。

印刷电路板按照用途分类,可分为民用印制板(消费类)、工业用印制板、军事用印制板等。

6.1.2 基 材

基材是指可以在其上形成导电图形的绝缘材料,也就是覆铜箔板,覆铜箔层压板可以支撑元器件、连接电路、实现绝缘等。常见的基材有酚醛树脂纸基层压板、环氧树脂纸基层压板、聚酯树脂玻璃布基压板、环氧树脂玻璃布基层压板、聚酰亚胺玻璃布基层压板、聚四氟乙烯玻璃布基层压板、聚酯薄膜、聚酰亚胺薄膜、氟化乙丙烯薄膜等。需要学习者注意的有关基材的特性包括力学性能、电性能、耐高温性能、耐潮湿性能、耐焊接性能。

6.2 制板技术简介

电路板可以在实验室手工自制,也可以工业制板。印制板工艺可以分为减成法和加成法两大类。

6.2.1 印制板工艺

(1) 减成法

减成法是将一定的电路图形转移到覆铜箔板的铜表面上,再用化学腐蚀的方法将不需要的部分蚀刻掉,留下所需的图形。

1) 光化学蚀刻工艺

光化学蚀刻工艺是在干净的覆铜板上均匀地涂抹一层感光胶或粘贴光敏抗蚀干膜,通过照相底版曝光、显影、固膜、蚀刻获得电路图形,将膜去掉后,经过加工,成为成品。此工艺精度高、周期短,适合一般的电路加工生产。

2) 丝网漏印蚀刻工艺

丝网漏印蚀刻工艺是将印有电路图形的膜板放置在覆铜板上,将抗蚀材料漏印在铜箔表面,干燥后进行化学蚀刻,除去无印料掩盖的裸铜部分之后去除印料,即为所需电路图形。这种方法精度低,但是生产产量大、成本低。

3) 图形电镀蚀刻工艺

图形电镀蚀刻工艺是双面板制造的典型工艺,又称标准法,工艺流程如下:下料→钻孔→孔金属化→预电镀铜→图形转移→图形电镀→去膜→蚀刻→电镀插头→热熔→外形加工→检测→网印阻焊剂→网印文字符号。

4) 全板电镀掩蔽法

全板电镀掩蔽法与图形电镀蚀刻工艺类似,是使用一种性能特殊的掩蔽干膜,将孔和图形掩盖起来,蚀刻时作抗蚀膜用,其工艺流程如下:下料→钻孔→孔金属化→全板电镀铜→贴光敏掩蔽干膜→图形转移→蚀刻→去膜→电镀插头→外形加工→检测→网印阻焊剂→焊料涂敷→网印文字符号。

5) 超薄铜箔快速蚀刻工艺

超薄铜箔快速蚀刻工艺属于差分蚀刻工艺,该工艺使用超薄铜箔层压板,与图形电镀蚀刻工艺类似,在图形电镀铜后,电路图形部分和孔壁金属铜的厚度约为 $30~\mu m$,而非电路图形的铜箔厚度约为 $5~\mu m$,由于非电路图形铜箔薄,所以可以实现快速蚀刻,而厚的铜箔并未被蚀刻掉(只是被少量腐蚀)。此种方法适合于制作高精度、高密度印制板。

(2) 加成法

加成法用于双面板和多层板的制作,其主要特点是不需要蚀刻。

1) 全加成工艺

全加成工艺也称 CC - 4 法,是用化学镀铜的方法形成电路图形和孔金属化互联,其工艺流程如下:催化性层压板下料→涂催化性黏接剂→钻孔→清洗→负相图形转移→粗化→化学镀铜→去膜→电镀插头→外形加工→检测→网印阻焊剂→焊料涂敷→网印文字符号。

2) 半加成法

半加成法是使用催化性层压板或非催化性层压板,钻孔后用化学镀铜工艺使孔壁和板面沉积一层薄金属铜,再进行负相图形转移,对图形电镀铜加厚,去掉抗蚀膜后进行快速蚀刻,$5~\mu m$ 的铜层被蚀刻掉,留下的是孔金属化的印制板。

3) NT 法

NT 法使用具有催化性的覆铜箔层压板,先蚀刻出导体图形,然后将整块板面涂上环氧树脂(或只将焊盘部分留出),进行钻孔、孔金属化,再用 CC - 4 法沉积铜,得到印制板。

4) 光成形法

光成形法是在预先涂有黏结剂的层压板上钻孔并进行粗化处理,然后浸一层光敏性敏化剂,干燥后用负相底片曝光,再用 CC - 4 法沉积铜。此种方法简单经济。

5) 多重布线法

多重布线法是使用数控布线机将聚酰亚胺绝缘的铜导线布设在绝缘板上,使用黏接剂粘牢,钻孔后用 CC - 4 法沉积铜连接各层电路。此种方法成本低、周期短、生产速度快、布线密度高。

（3）其他方法

冲压线路工艺是使用机械制作电路图形的方法，是将金属箔冲压并黏接在绝缘底板上来制作电路板，又称冲模切割法。

现在有电路板走线、钻孔、孔金属化一体的打印机，在绝缘材料上不需要覆铜，其精度较低，优点是没有化学污染、产生的碎屑很少、打印速度也较快、用电功率不大，适合于个人使用。

对于个人或者非专业电路板单位而言，蚀刻、化学镀铜工艺存在环境污染，相关化学试剂不易购买，所以可以使用专业设备进行铣削将铜箔去除。此法工艺简单、速度快、没有化学污染，适用于要求低的测试样板生产；缺点是成本高、精度低，不适合批量生产。在开始铣时，精度高，由于铣刀有机械损耗，后期精度降低，铣刀磨损快，针对这些问题，现在有使用激光去除铜箔的方式。由于市场上有双面铜箔成品板销售，所以可以省去冲压工艺。

6.2.2　制板途径

（1）手工制板

在电路系统不太复杂、元件不多时可以采用实验室手工自制印刷电路板，过程如下：

① 根据需求绘制电路图和 PCB 图。

② 将敷铜板按所需尺寸裁好，用木炭或去污粉将板表面清洗干净。

③ 将醇溶漆片用酒精溶解至一定浓度后，用毛笔或蘸水笔蘸着漆在敷铜板上画出所需的连线和焊盘。

④ 待漆干透后，将板放入三氯化铁溶液中浸泡 10～20 min。没有被漆盖住的部分将会被腐蚀掉；被漆盖住的部分会被完整地保存下来。

⑤ 将腐蚀好的板用清水洗净，然后用酒精将漆擦掉。经过打孔、去毛刺、涂覆一层助焊剂，一块印刷电路板就做好了。

实验室手工制板快、方便，适用于电路系统的初期设计和试验，但不能做复杂系统的电路板。

（2）工业制板

更多情况下需要电路板厂制作印刷电路板，目前有两种方法。

　　方法 1：设计者将电路系统的板图用绘图工具画在绘图纸上（最好是用铜版纸），图与实物的比例为 2∶1，如果线条很细，比例还可以加大，在图上注明比例、需要打孔的直径或尺寸。要特别注明图形所在的层面（元件面或焊接面），以免出错，注明制作数量。

　　将图交给厂方的业务员后，一周时间即可收到成品。

　　方法 2：设计者用专门的计算机绘图软件绘制版图，将软盘生产文件/绘制文件交给业务员即可。目前常用的绘图软件有 AD、Proteus、Multisim 等许多种，在此不做详细介绍。

　　随着电路板向高密度发展，电路板生产方面的要求越来越高，也有更多的新技术被应用于电路板制作中，如激光技术、感光树脂、盲埋孔、光刻技术等。激光法制板是近几年发展起来的 PCB 板制作方法，该方法利用激光光束直接在基板上形成线路，也可以在铜膜或镀层上用激光打开"窗口"，在裸露区域进行蚀刻。激光法制板具有如下优势。

　　① 能够快速制作高精度、一致性好的电路板，线宽 0.02 mm（与被加工材料有关），间距 0.035 mm（与被加工材料有关）以上，过孔直径 0.3 mm（12 mil）以上，适合企业、研究所、高校进行快速、小批量生产精密电路板，高频、微波电路板，也适合用于特殊、极小批量电路板的加工服务。

　　② 可配置激光直接制作阻焊及文字标记。

　　③ 系统具备可扩展性，扩展后能够制作多层样品电路板。

　　④ 柔性环保，没有直接向环境排放废液、废气以及粉尘的问题。

　　激光法制双面板流程简介如下。

　　① 数据处理：待导电图形设计好后，将数据以 Gerber 格式导出，并导入数据处理软件 CircuitCAM 7 中，进行刀具路径计算。

　　② 贴膜打孔：将计算好的路径导入 DM350 雕刻机，对覆铜板进行打孔。

　　③ 孔金属化：待打孔完成，将覆铜板放入孔化设备 TP300 中，进行孔金属化操作。

　　④ 高温固化：将电镀好的覆铜板放入热风炉进行高温固化，清理覆铜板表面多余的氧化物。

　　⑤ 加工导电图形：将覆铜板放入激光机，激光机会自动按照计算好的路径对覆铜板进行加工，直至导电图形加工完毕。

　　⑥ 阻焊/字符：将加工好的覆铜板放入丝印台，用丝网印刷施加阻焊剂。用同样的方法加工字符层。

　　⑦ 外形切割及焊盘保护：将做好阻焊和字符的覆铜板放入 OSP（有机保焊膜，作用是助焊防氧化）中进行焊盘保护工作。待 OSP 结束后，将覆铜板放入雕刻机进行外形切割。成品板完成。

加工流程简图如图 6 - 1 所示。

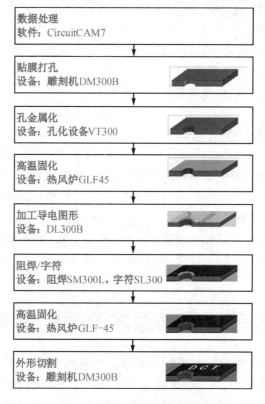

图 6 - 1　加工流程图示例

6.3　印制电路设计需要考虑的因素

6.3.1　电路板层数的选择

在印制电路设计过程中需要考虑成本控制问题,如果单面板可以实现,就设计为单面板。单面板的缺陷是焊接处的线路连接受力后容易断裂,造成故障,孔一般不做金属化处理,所以铜箔受力后容易脱落;优点是费用低。

如果单面板的跨接导线过多,或者要求印制板的可靠性高,可以设计成双面板。

如果要求体积小、可靠性高,存在高速电路,连线过多、过于复杂,则可以设计成多层板。

6.3.2　设计文件

在设计印制板时,需要对电路图的一些部分进行标注,比如接线名称、尺寸、装配说明等;需要列出元器件列表,标明其规格、编号、尺寸等;需要做出元器件接线表,通常 CAD 软件会自动形成;需要绘制机械尺寸图。

6.3.3　基板的选择

基材由树脂、增强材料、金属箔三种构成。常用的树脂有环氧树脂、聚酰亚胺等。增强材料有玻璃纤维、纸纤维等,为了获得更好的尺寸稳定性,可以使用"单纱平织法"。常见的金属箔有铜箔、铝箔等。

在选择基板时应该考虑如下因素:印制板加工工艺,如减成法、加成法;单面板、双面板、多层板哪种更合适;电性能;力学性能;其他性能,比如阻燃、机械加工性能、机械强度等。

6.3.4　表面镀层和表面涂覆层的选择

对于印制电路板,由于存在铜镀层,需要注意铜的韧性、纯度等因素。

为了保证焊接性良好,可以在电路板上镀锡铅合金或无铅合金。其他金属镀层,比如镍、金等,可以根据需要进行选择,镀金的电路板不宜用锡焊,防止非锡焊区在锡焊时被润湿或导电图形之间产生桥接的涂覆层,可以起到阻焊和保护电路板的作用。

在导电图形中用于可焊性的涂覆层可以在锡焊前除去或者作为助焊剂使用。

除了锡焊或接触用的余隙孔外,绝缘保护层可以覆盖在整个印制电路板的表面。

6.3.5　机械相关设计原则

在进行电路板设计时,在形状和结构尺寸方面需要考虑到便于生产和安装以及经济性等因素;电路板设计在厚度方面如果没有特殊要求,通常是 1.6 mm,如果根据装配厚度需要薄一些,则要注意其机械强度会有所降低;电路板的形状是否方便安装、拆卸;电路板是否需要散热。

印制电路板是否有定位孔,是否可以被锁定,在振动时不会移位;印制电路板的走线之间是否距离过小、密度过大,如果是这种情况,信号之间容易产生干扰,并且容易造成废板或故障;印制电路板对外是否留有接插口,可以引入电源或者对外的信号的输入、输出。

电路板中的孔设计应该考虑孔的尺寸、孔与孔之间的最小间距;金属化孔的表面镀层应该有一定的厚度以保证一定的可靠性;孔与电路板边的最小距离;是否是常用的圆孔,如果不是圆孔而是较小尺寸的方孔,不一定能加工出来。

对于电路板中连接盘的设计要考虑的因素包括连接盘形状、尺寸、最小间距,有些因素由制造工艺、基板类型所决定。图 6-2 列出了几种常见的焊盘形状。

图 6-2　常见的几种焊盘的形状

印制电路板的导线应该尽可能宽,尤其是地线和电源线,这样有利于减小电阻、提高电流,可以考虑铺铜或者走成环线;如果要求分布电容小,不考虑电阻和电感,则应该用较细的信号线;导线的长度应该尽量短,因为寄生电容、电感与导线长度正相关;导线的间距取决于导线的峰值电压、大气压力(海拔高度)、表面涂层等因素。

为了安全性考虑,电路板应该有一定的阻燃性,阻燃性取决于基板、导线间距、导线宽度、发热情况下特性改变的元器件等因素。为了减小可燃性,在电路中应该设计自恢复保险丝或者熔丝,安装热屏蔽或者其他元器件防止电路板燃烧。

6.4　照相制版技术

6.4.1　照相制版技术简介

照相制版可以实现微细加工,制版时首先要将所需的电路图形制成"掩膜",也就是"版",制版一般是将原图放大,然后再运用缩微照相技术将放大的原图通过光学系统缩小到原来的尺寸,成像在感光材料上,再经过显影处理得到"原版",也就是"母版"。一般而言,母版是"负像",用此母版制成"正像"的"副版",用此副版制成用于生产的"子版"。

除照相制版,还可以使用激光的方法直接成像。

6.4.2　感光材料的结构

感光材料通常由乳剂层、支持体和辅助层三部分构成。

乳剂层由卤化银($AgCl$、$AgBr$、AgI)等组成。乳剂层用于生成光学图像,其厚度为 $5\sim25\ \mu m$,卤化银的颗粒决定成像的精细度,不同的颗粒尺寸用于不同的目的,比如 X 射线的胶片乳剂颗粒粒径可达 $2\ \mu m$,其他一般用途的粒径尺寸为 $0.5\sim1\ \mu m$。

支持体有片基、纸基、玻璃板等类型。

辅助层由底层、防卷曲层、防静电层等组成。

底片受温度、湿度影响大。底片应耐磨,具有透气性、尺寸稳定性。如果需要非常高的尺寸稳定性,可以考虑使用玻璃底片。

除了卤化银底片,还有重氮底片。

6.4.3　感光成像原理和过程

感光成像有潜影、显影、定影几个过程。

由于成像时的光胶片的感光量极小,所以只能使少数卤化银发生分解反应,形成肉眼看不到的潜影,这是光化学反应的一种,潜影由银构成,但是与结晶银在形态上有一定的差别。

卤化银的量子效率和照射光波长相关,波长越短,效率越高。

潜影的影像必须经过显影才可见,显影的过程就是已曝光的卤化银颗粒被显影剂还原成金属银的过程,可由下式表示:

$$Ag^+ + 显影剂 \rightarrow Ag + 显影剂氧化物$$

可见显影过程是一个氧化还原过程。显影液一般由显影剂、促进剂、保护剂、抑制剂等成分组成。

显影过后需要进行定影处理,原因是在显影后的感光材料的乳剂层中仍然残留着未曝光的卤化银胶粒。这些卤化银胶粒在遇到光后还可以再次曝光并显影,为了保证已显示的图像能稳定地保存下来,避免残留的卤化银再次曝光、显影而出现干扰的现象,在显影后必须立即除去这些残留的卤化银,此过程被称为定影。

显影后的感光材料从显影液中取出后应该立即用水冲洗,以除去大部分黏附在表面上的显影液,但是还需要进一步处理。为了除去残存在乳剂层中的卤化银,必须使用一种能溶解卤化银的溶剂,使其转变为可溶性的银溶液,迅速从乳剂层中溶解下来被去除,这种溶剂应能与银形成更稳定的络合物,并且使用的溶剂不会使已显影的金属银微粒溶解,这就是显影的基本过程。

感光材料曝光后,在乳剂层中形成的潜影经显影后形成负像,残留在乳剂中的卤化银的浓度与图像密度成反比。将感光材料再次曝光后,残留的卤化银便全部感光,经过显影、定影后得到的图像正好与负像密度相反,是与物体一样的正像。此反转冲洗工艺的步骤如下:一次曝光→一次显影→水洗→漂白→水洗→除斑→水洗→二次曝光→二次显影→水洗→干燥。

底片与所要求的图像相同即是正片,相反则是负片。对于底片的图像质量需要考虑的因素包括曝光机的紫外线灯管寿命是否已到、反光镜是否老化、是否进行过校正、相关参数设置是否不合适等情况。

6.5　图形转移

6.5.1　图形转移概述

在印制电路板的制作过程中,需要将有抗蚀性能的感光树脂涂覆到覆铜板上,用光化学反应的方法,把电路底图或照相底板上的电路图形转印到覆铜箔板上,这种工艺就是图形转移,通过此工艺可以得到正像和负像的电路图形。正像和负像的图形转移方法分别如下所述。

使用光化学法或丝网漏印法用抗蚀剂把图形转移到覆铜箔板上,再用蚀刻的方法去掉没有抗蚀剂保护的铜箔,剩下的部分就是所需的电路图形,这种方法是正像图形转移。

用丝网漏印法把抗蚀剂印在覆铜箔板上,没有抗蚀剂保护的铜箔部分就是所需的电路图形,这种工艺被称为负像图形转移。在没有抗蚀剂保护的铜箔上,可以使用电镀的方法,镀一层具有抗蚀性能的合金,再把负像抗蚀剂去掉,再用蚀刻剂蚀刻掉铜箔,就得到了正像电路图形。

虽然图形转移干膜材料目前应用较广,但是丝网印刷也有很多应用之处。

6.5.2　抗蚀剂种类概述

在图形转移过程中需要使用由感光性树脂制成的抗蚀剂。

液体光敏抗蚀剂可以制作出具有很高分辨率的电路图形,是由天然水溶性蛋白质以及合成树脂等高分子与光固化剂或其他添加剂构成,具有组分简单、使用方便的特点。

干膜抗蚀剂适用于电镀厚层,其原理是将感光液预先涂在聚酯片基上,干燥后形成感光层,再覆盖一层聚乙烯薄膜,这种具有三层结构的感光抗蚀材料即被称为干膜抗蚀剂。由于干膜可以制成各种厚度,因此使用起来很方便。干膜的精度可达 0.3 mm以下,所以被广泛应用于图形转移的电镀、阻焊与表面防护等方面。根据制造原料、显影、去膜方式的不同,干膜可以分为溶剂型、水溶型和干显影型。

丝网印料光敏抗蚀剂是“丝印光固化油墨”,可以使用类似油印的方法把电路图形转印到覆铜箔板上,经紫外光照或加热固化后,便获得电路图形,不仅环保,而且成本低,生产效率高,所以得到了广泛应用。

6.5.3　图形转移工艺

光化学法首先是清理铜表面,除去抗氧化层和污渍,再通过机械磨刷处理以获得一定的粗糙度,然后在铜面贴上干膜,制作出所需要的有电路图形的底片,将底片和电路板组合在一起,经紫外线曝光处理后,使用显影液进行显影以显示出电路图形,清洗掉未感光部分,使用溶液化学溶解和溶液冲击力的方式去除干膜,然后经过腐蚀做出电路板。

采用光化学法时需要注意脏点、残留颗粒、空气残留、压力不均、温度不当、显影不足、遮光度、显影液老化、毛刺、显影过度、干膜附着力、干膜选用不当、污染、退膜不净、基材刮伤、退膜时间等问题。

丝网漏印是先制作黑白片,然后制作丝网,使用抗蚀印料,通过丝网印刷的方式印到覆铜板上。

丝网印刷工艺精度适中、操作简单、物料成本低。该工艺首先需要制作网板,网板是丝网与支撑框构成的印刷工具,其开口区域允许油墨选择性通过,具有控制供墨量的功能。精密网纱、轧压网纱是两种常见的丝网。其次需要制版,制版的目的是利用感光乳胶或感光薄膜在丝网上制作掩蔽区。常用的方法包括把乳胶直接涂敷到丝网上烘干形成图形的直接网、将感光膜贴到网框上进行图形制作的间接网两种。最后将网板架上印刷机,利用刮刀推挤油墨或印刷材料使油墨通过丝网镂空区,沉积在板面上。网框与刮刀必须相配。丝网印刷被大量应用于阻焊涂覆、字符印刷、油墨塞孔、线路填平、导电膏印刷等领域。

除了使用丝网漏印、光化学法进行图形转移,也有手工用热转印的方法,将图形打印在热转印纸上,然后将覆铜板和热转印纸固定在一起,放入热转印机中加热转印即可,需要注意打印在热转印纸上的图形的正反。

除此之外,可以跳过图形转印,直接通过铣削、激光去除铜箔。

6.6　电镀和化学镀

6.6.1　电镀和化学镀概述

表面处理技术是非常重要的工艺,可以为电路板提供其本身欠缺的或非固有的表面特性。印制电路板电镀和化学镀的主要目的是确保印制板的可焊性、防护性、导电性、耐磨性。为了保证良好的电气接触性能,印制板的插头需要进行表面处理,其表面镀层非常重要。

印制板中用到的电镀和化学镀有电镀铜、激光镀铜、电镀锡铅、电镀镍金、脉冲镀金、电镀银、化学镀铜、化学镀镍金、化学镀镍、激光化学镀金、化学镀锡、化学镀银、化学镀铑、化学镀钯等。本节只讲解电镀铜和化学镀镍工艺。

6.6.2　电镀铜

因为铜具有良好的导电性和机械性能,能够使镀层间具有良好的结合力,所以电镀铜是一项非常重要的工艺。

电镀铜可以作为化学镀铜层的加厚层,并且可以作为图形电镀锡铅或低应力镍的底层。

电镀铜需要有良好的机械性能;板面镀层厚度和孔壁镀层厚度比接近 1∶1;镀层与基体结合牢固;镀层有良好的导电性;外观良好。

镀铜溶液有很多种,但是电镀铜主要使用具有"高酸低铜"的硫酸盐镀铜溶液,因为其具有很好的分散能力与深镀能力。

电镀铜分为光亮酸性镀铜与半光亮酸性镀铜,二者之间大同小异,主要区别是半光亮酸性镀铜的光亮剂中不含硫,所以镀层的纯度高、延性好,可以有良好的深镀能力,镀层外观均匀、细致。图 6 - 3 是电镀铜示意图。

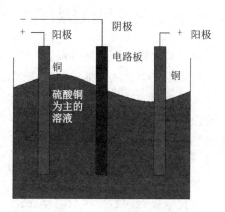

图 6 - 3　电镀铜示意图

镀铜溶液是硫酸铜与硫酸在直流电作用下,阴、阳极发生不同的反应:

$$阴极:Cu^{2+}+2e \rightarrow Cu$$
$$阳极:Cu-2e \rightarrow Cu^{2+}$$

阴极需要放置被电镀的物品,比如电路板。

硫酸铜的作用是提供铜离子,硫酸的作用是增强溶液的导电性。在电镀时需要掌控的因素有温度、电流密度、搅拌等。

电镀铜的阳极是含磷铜,使用含磷铜的原因是不含磷的铜溶解速度太快,会引发太多的问题。

全板电镀工艺如下:化学镀铜→活化→电镀铜→防氧化处理→水冲洗→干燥→刷板→印制负相抗蚀图像→修板→电镀抗蚀金属→水冲洗→去除抗蚀剂→水冲→蚀刻。

图形电镀铜工艺如下:图像转移后印制板→修板→清洁处理→水洗→粗化处理→水洗→活化→图形电镀铜→水洗→活化→电镀锡铅合金→镀低应力镍→镀金。

图形电镀铜是对导电图形有选择地进行电镀,所以使用的铜少、蚀刻剂寿命长、导线精度高、侧蚀小。

清洁处理是为了解决铜镀层与基板因有残留污渍等物质而导致结合不牢的问题,清洁处理使用酸性除油液,酸性除油液除了含有酸,还有表面活性剂。

粗化处理是为了除去待镀线条与孔内镀层的氧化层,增加表面粗糙度,提高镀层与基体的结合力。

活化工序是为了除去铜表面的轻微氧化膜,并保护铜镀液。

电镀铜的方法有直流电镀、脉冲电镀。

在进行电镀铜时,需要注意的问题包括杂质污染、等待时间、残留物是否清理干净、含磷铜的磷含量比例、添加剂浓度范围等。

6.6.3　化学镀镍

在印制电路板覆上阻焊膜后,由于需要镀金属的部分变成了孤立的焊垫或焊脚,所以只能用化学方法才能进行选择性涂覆。

化学镀镍的原理是次磷酸盐在高温情况下使镍离子在催化表面还原为金属,新生的镍起到催化剂的作用,所以可以得到任意厚度的镍镀层。化学镍镀可以用于使形状复杂的制品能够防腐蚀,提高耐磨性,防止高温腐蚀,在电路板制造上用于抗蚀、可焊、接触导通、散热等目的,可以镀在黑色金属、铜及铜合金、铝及铝合金、专门处理过的塑料上。

在化学镀锡时需要注意温度、碱性溶液、镍盐浓度、添加剂、反应产物等情况。

6.7　孔金属化技术

6.7.1　孔金属化概述

孔金属化技术是双面以及多层印刷电路板制作中需要用到的一项重要工序,可以使如双面板顶层和底层的孔周边的铜箔连接起来,类似手工穿入一个导线并上下焊接的效果,如图6-4所示。在钻孔后需要去除污垢,然后在孔壁沉积一层导电金属铜,实现电路的连接。如果孔金属化工艺有缺陷,比如过薄、分布不均匀,就容易造成两层之间开路或者受到撞击后开路。如果孔没有金属化,由于铜箔和基板的黏接力大小有限,所以焊盘容易发生断裂,在有元件引脚穿入孔并被焊接的情况下尤其如此。

金属化孔有埋孔、盲孔、过孔三种类型,如图6-5所示。在多层板上,在上下表面看不到的孔被称为埋孔,其连接内部层的覆铜;在一面能看到,另外一面看不到的孔是盲孔;在两个面都能看到的孔是过孔。

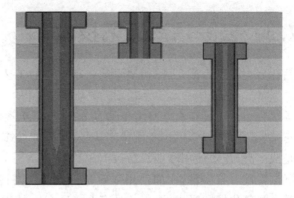

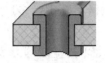

图 6-4 孔金属化示意图　　　图 6-5 埋孔、盲孔、过孔示意图

孔金属化工艺流程是:钻孔板→去毛刺→去钻污→清洁调整处理→水洗→粗化→水洗→预浸→活化处理→水洗→加速处理→水洗→化学镀铜→二级逆流漂洗→水洗→浸酸→电镀铜加厚→水洗→干燥。

6.7.2 钻孔技术

目前常用的钻孔技术有数控钻孔、机械冲孔、等离子体蚀孔、激光钻孔、化学蚀孔等。

数控钻孔是使用计算机程序控制,按照一定的工艺参数,在印制板上钻的导通孔。机械钻孔可以适用于大多数基板类型,并且不会对环境造成化工污染,其缺陷是钻头会磨损,所以各个孔的尺寸精度可能不完全一致。

在机械冲孔时,需要注意钻头的晃动情况、钻头的磨损情况、钻头的规格选择是否正确、定位情况、转速是否合适、进刀速度、退刀速度等。

激光钻孔可以实现孔径很小,精密度非常高,所以目前应用广泛。其工作原理是使用红外光或者紫外光进行照射,产生热能或者化学能,通过熔融或分解将基板穿透。激光钻孔的加工速度可以非常快。采用激光加工需要注意位置是否对齐、激光参数是否正确、是否使用了激光钻孔专用黏接片、树脂固化、表面结合力等。

被加工材料吸收高能量的激光的热量,被加热到熔化并被蒸发的情况被称为光热烧蚀,光热烧蚀后会留下需要被清理的碳化残渣。紫外线具有高光子能量,可以破坏有机材料的分子链,生成更小的微粒,从原分子束缚中逸出,基板材料被快速除去而形成微孔,由于材料不会烧热碳化,所以清理简单。

化学蚀孔也是一种钻孔方法,该方法能够蚀刻的材料有限,比如聚酰亚胺,但是成本低。

6.7.3　去除污渍工艺技术

钻孔后会产生污渍，去除污渍也是一项重要的工艺。常见的工艺有干法和湿法两种。

干法去除污渍是在真空环境下通过等离子体(电离的气体，是带电粒子组成的电离状态)去除孔壁污渍，适用于刚挠多层板、聚酰亚胺多层板、微小孔刚性多层板，其特点是成本高，需要使用专业设备。

湿法处理有很多种，比如使用浓硫酸、浓铬酸、高锰酸钾、PI 调整液等方法。浓硫酸具有强氧化性和吸水性，能使具有 $C_m(H_2O)_n$ 结构的环氧树脂碳化并形成 C 和 H_2O，其中溶于水的烷基磺化物会被去除。碱性高锰酸钾具有强氧化性，不仅可以溶胀软化环氧树脂污渍，还可以形成细小的坑，从而提高孔壁镀层与基体的结合力，并且提高活化剂的吸附量。PI 调整液含有联胺、添加剂等，处理过程中，添加剂将聚酰亚胺和丙烯酸胶膜腻污溶胀，使其分解并去除，接着聚酰亚胺与联胺反应，分解从而去除。去除污渍时需要注意溶液中副产物含量、溶液温度、处理时间、膨松剂、是否处理过度等。

6.7.4　镀铜工艺技术

化学镀铜，俗称沉铜，其目的是让树脂或玻璃纤维表面产生导电性，是一种自催化氧化还原反应，Cu^{2+} 得到电子后还原成金属铜，而还原剂放出电子被氧化。化学镀铜在反应过程中有电流的流通，节能高效，不需要电源，可以一次性对浸入到化学镀铜液中的印制板进行镀铜，可以在非导电的基体上进行沉积，孔金属化是对该工艺的一项应用。

化学镀铜的电子是由还原剂甲醛所提供的，而电镀铜的电子是由电源所提供的。由于甲醛的还原能力取决于溶液的碱性强弱，所以溶液是强碱性，为了在强碱下不形成 $Cu(OH)_2$ 沉淀物，需要加入足够的 Cu^{2+} 离子络合剂。在反应过程中需要不断加入相应的物质以补充消耗部分。由于铜本身就是一种催化剂，所以一旦发生化学镀铜反应，会在新生的铜表面继续进行反应，所以可以沉积出任意厚度的铜。

在进行化学镀铜前，需要除油、酸洗。活化是为了方便催化剂吸附，还原剂溶液浸泡是为了除锡。孔金属化是为了实现不同层的铜箔实现连接导通。

由于化学镀铜使用甲醛，存在环保问题，所以也有使用电镀工艺的，电镀工艺需要注意的是除了钯体系，其他体系方法会在整个表面吸附导电物。

孔金属化过程中需要注意的问题包括清洁剂特性、清洗是否干净、药液配置是否正确、溶液浓度、处理量是否过大、水洗是否充分、温度是否过低、槽液是否被污染、铜离子含量是否过高等。

6.8　蚀刻技术

6.8.1　蚀刻技术概述

蚀刻技术是去除无用的金属箔层的技术,这是一个重要的技术环节,减成法和半加成法都会被用到。

蚀刻是蚀刻液与金属之间产生氧化还原化学反应,由于存在需要被抗蚀层保护以避免被刻蚀的地方,所以会有侧蚀现象。

蚀刻需要考虑与抗蚀剂的适应性、与介质基材的适应性、蚀刻速度、铜的回收、溶液污染的控制、溶铜量、蚀刻速率的可控性、成本等因素。

6.8.2　三氯化铁蚀刻剂及其蚀刻工艺

三氯化铁是常见的蚀刻剂,应用比较广泛,是铜、铜合金、镍铁合金、钢等的常用蚀刻剂,适用于丝网漏印油墨、液体光致抗蚀剂、镀金印制板蚀刻等。

三氯化铁具有成本低、产量大、溶铜范围大、操作简单方便等特点。三氯化铁以水溶液的形式存在,其重量百分比的范围是 $28\%\sim42\%$,中间是最佳浓度范围。由于三氯化铁($FeCl_3$)会形成 $Fe(OH)_3$ 沉淀,所以需要添加一定量的盐酸以抑制这种化学反应,但是盐酸的浓度不要超过 5%。

除三氯化铁外,还需要添加一些消泡剂、浸润剂、强氧化剂、结合剂等改善各种性能。

三氯化铁和铜的化学反应有如下几种:

$$FeCl_3 + Cu \rightarrow FeCl_2 + CuCl$$
$$FeCl_3 + CuCl \rightarrow FeCl_2 + CuCl_2$$
$$CuCl_2 + Cu \rightarrow 2CuCl$$

在蚀刻过程中,$FeCl_2$ 会增加,通过 HCl、强氧化物、氧分子等会恢复为 $FeCl_3$。

蚀刻过程中,浓度、温度、酸度、搅拌和过滤等工艺因素会影响蚀刻效果,比如浓度大,蚀刻速度快;温度高,蚀刻速度快;一定的酸度会防止产生 $Fe(OH)_3$ 沉淀;搅拌使得氧的含量增加,从而加快蚀刻速度;过滤技术可以除去反应中产生的沉淀。

使用三氯化铁的蚀刻工艺流程如下:预蚀刻检查→蚀刻→水洗→浸酸处理→水洗→干燥→去抗蚀层→热水洗→水冲洗→刷洗→干燥→检验。

预蚀刻检查即刷少量的蚀刻液或者浸一下蚀刻液,也就是弱腐蚀,目的是发现有沙眼、针孔等问题的印制板,将其返修或报废。

蚀刻是重要的工艺环节,应该认真对待,其过程就是将电路板放在蚀刻机中进行蚀刻,在此过程中应该注意温度、浓度、传动速度、时间、喷淋压力等。在蚀刻过程中应注意不要过蚀刻,过蚀刻容易造成断线、变形等问题。如果蚀刻过程结束仍然有部分电路没有完成蚀刻,可以手动操作进行蚀刻。

水洗的目的是除去污渍、酸、盐等物质。浸酸处理是为了除去附着在板子表面的一些混合物,常用的酸性物质有盐酸、草酸溶液等。常用的抗蚀层有感光胶和丝网漏印印料几种物质,感光胶可以用盐酸洗刷除去,丝网漏印印料可以用汽油或二甲苯浸泡刷洗去除。用添加了表面活性剂的热水清洗印制板,可以去除残余污渍。

6.8.3　氯化铜蚀刻剂

三氯化铁由于存在污染环境的问题,目前正在被其他蚀刻剂取代,比如目前使用较为广泛的氯化铜溶剂。使用氯化铜代替三氯化铁的主要原因是可以实现铜的再回收,所以可以极大地减少对环境的污染。除此之外,氯化铜还有一些显著的特点,比如配方简单、蚀刻速度快、溶铜量高、稳定、产品质量高、能连续生产等。

常见的氯化铜有酸性和碱性两种溶液。

酸性氯化铜是在氯化铜中加入盐酸、氯化钠、氯化铵等物质,适用于丝网漏印,干膜,以金、锡镍合金等为抗蚀层的印制板生产,其化学反应如下:

$$CuCl_2 + Cu \rightarrow 2CuCl$$

电极电压$+0.275\ V$低于氯化铁的$+0.474\ V$,速度比氯化铁慢。

碱性氯化铜是在氯化铜中加入氨水、去离子水、氯化铵等物质,由于有氨离子,所以具有络合作用,不仅蚀刻速度快,而且可控,溶铜量大,溶液再生方便,成本低,环境污染小,废铜回收容易,适用于以金、镍、铅锡合金为抗蚀层的蚀刻,可以适用于对大多数涂有有机耐碱抗蚀剂的印制板的蚀刻,其化学反应如下:

$$CuCl_2 + 4NH_3 \rightarrow Cu(NH_3)_4^{2+} + 2Cl^-$$

$$Cu(NH_3)_4^{2+} + Cu \rightarrow 2Cu(NH_3)_2^+$$

$$4Cu(NH_3)_2^+ + 8NH_3 + O_2 + 2H_2O \rightarrow 4Cu(NH_3)_4^{2+} + 4OH^-$$

6.8.4　其他种类蚀刻剂

使用过氧化氢-硫酸作为蚀刻溶液的原理是过氧化氢在酸性条件下具有理想的氧化性,该种蚀刻方式具有适应各种抗蚀层、蚀刻速度快、侧蚀小、反应易控制、溶铜量大、毒性小、环境污染小等特点。

铬酸-硫酸蚀刻溶液由于对锡和锡铅合金没有腐蚀性,溶液稳定性好,蚀刻效果好,几乎没有侧蚀,但是对环境的污染严重,所以目前较少被使用。

6.8.5　侧　蚀

图 6-6　侧蚀示意图

　　侧蚀的成因如图 6-6 所示,是在减成法或半加成法制造电路板时,铜导线的侧面被腐蚀形成向内的凹槽的现象,这种现象不能避免,只能缩小范围。

6.9　多层板

6.9.1　多层板概述

　　如果走线过密,双面板不能满足要求,此时需要使用两面以上的多层板。多层板可以提高单位面积的布线密度;能够使走线线长足够短,减少信号延迟;由于可以有占一整层的地线,因此可以提高抗干扰能力。多层板比双面板成本高,层数越多,成本则越高,常见的多层板有四层、六层、八层等。除价格高之外,多层板的生产周期也比较长。如果布线密度过高、体积尺寸要求足够小、需要抗干扰、信号线有阻抗要求、信号线要求等长、布线不希望被抄板,可以设计成多层板。

　　相较于双面板,多层板多了一些工艺,包括内层的金属化孔、多层板的层压、多层板的定位对齐等。

　　在设计多层板时需要注意一些事项,比如内层的走线无法散热,需要考虑其温升情况;导体的电阻和信号的压降问题;导体的载流量应该比表面层减少一半以上;导线间的间距与耐压;高频信号下的特性阻抗;由于是多层板,需要考虑板子的厚度,通常而言,层数越多,厚度越大;由于单位面积成本高,所以要考虑板子的尺寸大小;对于信号线的层次布局要有所考虑,比如某层信号横向走线,另外一层的信号纵向走线,这样可以减少信号间的干扰,某层作为电源层,某层作为地线层,有了电源层和地线层,走线会容易一些。

　　制作多层板需要使用较薄的环氧玻璃布基覆铜层压板,对其厚度公差的要求更严,要保证厚度的均匀性;由于其强度低,需要注意不要折断;在保存时需要注意防潮;薄覆铜板的裁剪方向一致性、厚度方向的膨胀系数等也是关键问题。

　　多层板的制作工序比较多,包括但不限于以下环节:照相、光绘制照相原版、冲定位孔、原版检查、复制底版、底版检查、内层覆铜板刷洗、贴光敏干膜、冲定位孔、曝光、显影、蚀刻与去膜、内层粗化与氧化、内层检查、层压、数控钻孔、孔检查、化学镀铜、全板预镀铜、镀层检查、显影、图形电镀铜、电镀锡或锡铅层、印制阻焊图形等。

　　四层板有 3 个介质层、4 个金属层。六层板可以由 3 个双面板压合而成。

6.9.2　半固化片

多层板需要用到半固化片等浸渍材料,半固化片具有流动性,并能迅速固化和完成黏接过程,与载体一起构成绝缘层。为了保证质量,半固化片应具有均匀的树脂含量、非常低的挥发物含量,树脂流动性能被控制,流动要均匀,凝胶时间要符合要求、表面平整、无污渍、无杂质、胶层分布均匀等。多层板对于半固化片的要求高于覆铜板原始黏接用的半固化介质材料,主要考虑其树脂含量、流动性、挥发成分含量、凝胶时间四大方面的参数特征。

6.9.3　多层板的定位

由于是多层板,所以其定位系统就比双面板更为严格,贯穿于多层板底片制作、图形转移、层压、钻孔等多个工艺步骤中。影响定位精度的因素包括底片尺寸稳定性、基材尺寸稳定性、定位精度、加工精度、层压模板、基材热性能等。

多层板的定位包括销钉定位和无销钉定位两种。销钉定位有两孔定位、一孔一槽定位、三孔或四孔定位、四槽孔定位等。无销钉定位需要将定位靶标数字化编程输入机床中,并需要用投影钻定位孔等。

6.9.4　层　压

层压是指将已完成的内层图形加工的半成品放在有定位销钉的压模板上,层间用半固化片隔离,放在层压机上,在上下压板之间加热、加压,半固化树脂发生熔融、流动并固化,从而将各层黏接在一起,形成具有内层图形的半成品多层板。通常的层压工艺有铜面粗化、加黏接片固定、热压填胶。由于使用的是热固型树脂,一旦完成压合,就无法返工。

层压过程需要用到层压机、层压模板、定位销钉、缓冲材料、高型纸和离型剂等。

层压前需要选定半固化片,内层板在与半固化片组装前需要进行浸稀酸、刷辊刷洗、粗化、氧化、干燥等表面处理。在叠层时需要注意环境温度、湿度、洁净等级等情况。叠层中多层板的数量取决于热传导速率和定位重合精度,需要用到的黏接片的数量与内层铜导体的密度和厚度有关。

层压工艺要求黏接层不分层、不起泡;层压后不显示布纹、白斑;受热后不应有气泡;黏接层内部不应该有尘埃等颗粒物。

层压的闭模速度影响层压质量,所以要求闭模应力平稳迅速。

层压分为预压、全压、冷却 3 个阶段。

6.9.5　可靠性检查

完成多层板的各个生产工序后,需要对其进行可靠性检测。检查项目较多,比如外观检查、导体电阻、金属化孔、内层短路与开路、绝缘电阻、黏接强度、可焊性、耐热冲击、特性阻抗等。

6.9.6　PCB 绘图

第 4 章已对电路原理图和 PCB 绘图和仿真软件的操作进行了介绍,此处不再赘述,仅总结一下 PCB 绘图原则。

(1) 元器件的布局原则

元器件的布局原则包括:① 要便于加工、安装、维修;② 排列要均匀、紧凑;③ 应尽量减少或避免元器件间的电磁干扰;④ 要有利于散热;⑤ 要耐振、耐冲击。

(2) 布线原则

布线的原则是:① 印制板按照由外到里的顺序布置地线、低频导线、高频导线;② 合理设计和使用印制板与外部电路板的连接端线。

6.9.7　Altium Designer 软件与实际印制板工艺

本小节将介绍实际的 PCB 工艺参数和 Altium Designer 软件之间的联系以及通常情况下的工艺参数极值,在使用软件进行设计时,不能大于最大值或者小于最小值。

Altium Designer 软件中 PCB 的过孔(Via)和焊盘(Pad)都可以穿孔。穿孔的孔径不能是任意值,不仅受钻头序列尺寸的制约,而且在实际的工艺中也有最小值(0.3 mm)和最大值(6.3 mm)的限制。图 6 - 7 所示为孔环,其尺寸限制,通常为6 mil,在 Altium Designer 软件中,双击过孔,可以在属性对话框中设置孔环尺寸。

过孔(Via)可以有盖油(油墨覆盖)、开窗(裸露,容易短路)、塞油(防止阻焊环上的油流入孔里)、盘中孔(焊盘上看不到过孔,此过孔可以放在焊盘上)等几种情况,图 6 - 8 所示为过孔开窗和盖油示意图。如果厂家不对开孔孔径做出补偿,由于有了沉铜和喷锡,实际孔径因此会变小。早期 Protel 软件过孔(Via)属性的"Tenting"选项就是"盖油"的意思,而 Altium Designer 软件中过孔(Via)属性的"Force complete tenting on top"和"Force complete tenting on bottom"也是"盖油"的意思。

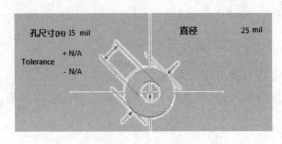

图 6-7　孔环尺寸设置

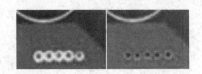

图 6-8　过孔开窗和盖油

　　带孔的焊盘(Pad)是用于插接元器件管脚的,在实际生产中存在一定的公差,并且需要注意,如果管脚是方的,孔径尺寸需要按照对角线进行计算,并且焊盘的孔尺寸需要比实际管脚更大一些。厂家通常会对焊盘孔进行补偿,实际钻孔孔径会更大一些,经过沉铜和喷锡工艺后,孔径会变小。

　　设计电路时需要注意焊盘与焊盘、线与焊盘、过孔与过孔、过孔与线等之间在实际工艺中所能达到的通常是 6 mil 的最小间距。

　　导线所在层有 Top Layer、Bottom Layer 和内层。有些工厂可以将最小线宽和线与线的最小间距做到 6 mil,在有阻焊的情况下,线与焊盘的最小间距为 10 mil。如果在设计时,线宽设置过小,则容易断裂。曝光、电镀、蚀刻、显影等工艺与布线有关。

　　阻焊层通常直观地体现在电路板表面的颜色上,常见的有绿色、蓝色、红色、黑色等。元器件两个引脚之间通常需要用阻焊工艺防止形成短路,或者防止焊接后板子表面的杂质(比如残留的松香等物质)引起两个引脚之间出现期望之外的电阻阻值,在导线上使用阻焊工艺可以防止其被氧化。阻焊层在 Altium Designer 软件中对应的是"Top Solder"和"Bottom Solder"。在 Altium Designer 软件中需要上焊锡的焊盘之所以是阻焊层,是因为阻焊层是负片输出,所以在 Altium Designer 软件中看到的阻焊层与实际中是相反的。单面板常使用紫外线固化丙烯酸树脂。双面板的阻焊使用双液型高温固化环氧树脂,分为干膜型和液态感光型等。阻焊是为了达到阻绝焊料的目的。精细线路板使用感光型材料。可以在涂覆液态油墨后经过紫外线曝光和显影完成阻焊图形的制作。涂覆的方法有丝网印刷法、喷涂法、帘幕式涂覆法。干膜阻焊需要采用真空贴膜,容易产生静电,吸附尘埃。使用阻焊工艺时需要注意的问题有油墨中混入空气、涂覆不良、阻焊不干燥、显影液老化、污染、显影过度、固化不足、烘烤不足、气泡等。

　　字符层在 Altium Designer 软件中对应的是"Top Overlay"和"Bottom Overlay"。字符层的字符宽度需要大于 6 mil,高度要大于 32 mil,最佳宽高比是 1:6,通常使用丝印机或者打印机来完成字符层的生产。字符的清晰度是此项生产工艺的重要指标之一。

　　钢网层在 Altium Designer 软件中对应的是"Top Paste""Bottom Paste"层,此

层用于贴片元件固定或钢网焊接工艺,由于此层经常用于上锡膏,所以也被称为助焊层,在印制板生产工艺中不使用此层。打印型制板工艺不需要此层,因为焊锡膏可以直接打印在焊盘上。

外形层在 Altium Designer 软件中对应的是"Mechanical"(如果有多个"Mechanical"层,则序号最小的是外形层)及"Keep-Out"(两者只能选其一)层。外形层与导线之间的最小距离为 0.3 mm。外形层的参数指标包括所允许的毛刺和撕口等。早期 Protel 软件中,在所画"Track"的属性中可以选择"Keepout"复选框,但建议不要使用这种方法,而是在 Keep-Out 层中进行 Track 的绘制。焊盘和过孔都是金属化孔,而非金属化孔要如何实现? 一些厂商默认在 Keep-Out 层或 Mechanical 1 层中画圆圈即为非金属化孔。

6.9.8　某厂的双面电路板实际生产工艺环节

某电路板生产商的双面板生产工艺环节如下:MI→钻孔→沉铜→线路→图电→AOI→阻焊→字符→喷锡/沉金→测试→锣边/V-CUT→QC。

在 MI 环节应生成一个制造说明书,之后的工序都按照此文件进行。

钻孔工序应形成电气孔、机械孔、过孔等规则孔。

沉铜的目的是让板子上的孔壁上沉积一层薄薄的导电胶。

线路工艺包含压膜、曝光、显影,目的是使电路板显示出清晰的线路。

图电的全称是图形电镀,图电工序总体分为电铜、电锡、退膜、蚀刻、退锡几个环节。

AOI 是利用光学完成对电路走线短路、开路、断路方面的检测;将设计文件和扫描的电路板进行对比,如果发现区别,放大显示到显示器上。

阻焊工艺主要是使用树脂、油墨等对电路板表面进行保护,防止其氧化,通过使用不同的油墨,使电路板显示出不同的颜色。阻焊工艺包含压膜、曝光、显影三个环节。

字符工序是指把顶层和底层的字符和图形打印在电路板上,通常打印成白色。

喷锡是在焊盘上喷上一层锡,沉金是在焊盘上镀一层金。喷锡和沉金可以防止线路氧化,并能使焊接更容易。沉金和喷锡的焊盘如图 6-9 所示。

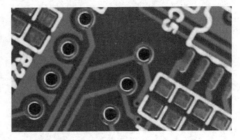

图 6-9　沉金和喷锡的焊盘

测试环节主要完成对过孔的质量检测,常用的有飞针测试等。

锣边/V-CUT 环节主要是将大板切割变成小板。锣边就是按照客户的 PCB 外形设计,将电路板从大板上切割出来。V-CUT 区别于锣边之处是在该工艺下两张电路板之间没有被完全割开,还留有一部分,只需要稍微用力,就可以掰开。

QC,即质量检测,该环节主要通过人工检测板子外观是否达标、数量是否正确。在板子外观方面,主要检查是否有明显的缺陷,比如是否有划伤、字符模糊等问题。

第7章　焊接与调试工艺

7.1　常用工具

　　焊接与调试工艺的常用工具包括电烙铁、烙铁架、螺丝刀、尖嘴钳、偏口钳、镊子，锉刀、剥线钳、吸锡器等，如图7-1和图7-2所示。烙铁架用于在焊接过程中放置电烙铁；尖嘴钳、剪刀以及剥线钳和镊子用于准备导线、整理待焊元器件的管脚等；偏口钳用于剪切焊接后元件管脚的多余部分；锉刀主要用于维修电烙铁头，挫平坑洼和表面氧化层。

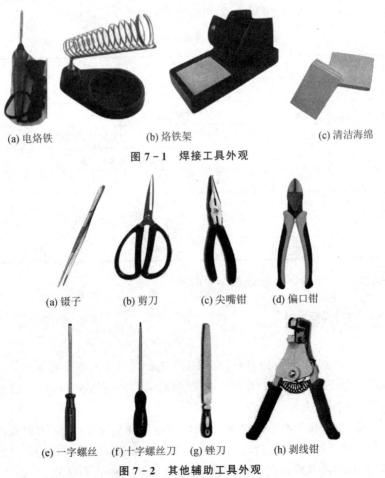

(a) 电烙铁　　　　(b) 烙铁架　　　　　(c) 清洁海绵

图7-1　焊接工具外观

(a) 镊子　　　(b) 剪刀　　　(c) 尖嘴钳　　　(d) 偏口钳

(e) 一字螺丝　(f) 十字螺丝刀　(g) 锉刀　　(h) 剥线钳

图7-2　其他辅助工具外观

7.2　焊接材料

7.2.1　焊　锡

电路系统的元器件与电路板的连接是由焊锡承担的,由于电子工程中使用的焊锡熔点比较低,而且质地柔软,所以焊锡焊接被称为软焊接。

有铅焊锡的主要成分是锡和铅,有的含有少量的锑、铜等其他金属以便加大其机械强度。

焊锡可以制成各种形状,包括:焊锡锭,用于工业生产中的机器焊接;焊锡条,用于电工作业;焊锡丝,用于微电子工程的手工焊接。

焊锡丝有多种直径,以备不同环境的需要。电子工程中常用的焊锡丝有 1 mm、0.8 mm、0.6 mm、0.5 mm 等规格。常用焊锡丝的成分及性能见表 7 - 1。

表 7 - 1　常用锡焊丝成分及性能表

成分/%			熔点/℃	特　性
锡(Sn)	铅(Pb)	锑(Sb)		
65	35		83~185	
63	37		183	凝固快、结合性好
60	40		183~188	浸润性好
50	50		183~204	价格低
30	68	2	240	
40	58	2	210	坚固
63	36	1	190	

焊锡丝的内部一般都有松香粉作为助焊剂。

7.2.2　助焊剂

助焊剂是辅助手工焊接的材料,在焊接工艺中可以帮助或促进焊接过程,同时也能起到保护和阻止氧化反应的作用。助焊剂根据形态可以分为固体、液体和气体。常用的助焊剂有以下几种。

(1) 酒精、松香和三乙醇胺的混合液体:混合液体呈现棕红色,为弱酸性。

(2) 在被焊接物体上沉银粉:银粉助焊剂是一种高温助焊剂,主要由微米级银粉和助焊成分组成,将其喷涂在焊接表面,通过热源使其融化和活化,可提高焊点的可靠性和强度。

（3）在被焊接物体上镀铅锡合金：含锡量 15％～25％的合金镀层常用作钢带表面润滑、助黏、助焊的镀层，作为改善焊接性能的镀层，印刷电路板的镀层约含锡60％、含铅 40％。

（4）焊锡膏：为酱色或灰色膏体，酸性较强，是将焊锡粉、助焊剂以及其他的表面活性剂、触变剂等加以混合而形成的膏状混合物。

（5）稀盐酸：主要作用是去除焊盘或焊料表面的氧化物，提高焊接质量。

前三种是工程中常用的助焊剂，后两种只在特殊情况下才使用，且用后必须用酒精清洗干净，以免对元件和电路板造成腐蚀。

7.2.3　电烙铁

电烙铁是焊接工具，按照加热方式的不同可以分为内热式电烙铁和外热式电烙铁两种，二者的结构分别如图 7-3 和图 7-4 所示，图 7-5 为实物图。

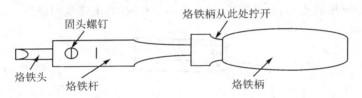

图 7-3　外热式电烙铁结构

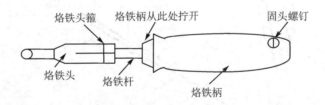

图 7-4　内热式电烙铁结构

外热式电烙铁的功率比较大，从 45 W 到数百瓦，多用于电工作业。内热式电烙铁的功率常用的有 20 W、35 W 等。外热式烙铁加热慢，一般需要 15～20 min，内热式烙铁加热只需几分钟。

内热式电烙铁的头、杆、把以及杆内的烙铁芯都是可以分离的部件，烙铁头可以直接从杆上拔下；烙铁柄在拧开固线螺钉后也可以从图 7-5(a)所示处拧开，此时便可看见烙铁杆的结构，如图 7-5(b)所示。装在杆内的烙铁芯引线绕在接线柱上并被带内螺纹的铜管拧紧；后将 220 V 电源线线头插入穿线孔，用固线钉拧紧，最后上烙铁柄和烙铁头。烙铁芯和烙铁头都是易损部件，需要经常更换。

电烙铁热与不热的检测方法有 3 种：(1) 用烙铁头触碰放在烙铁架底座中湿润

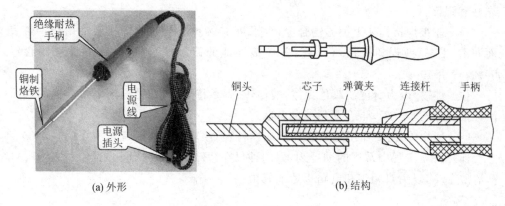

(a) 外形　　　　　　　　　　　　　(b) 结构

图 7-5　电烙铁实物

的清洁海绵,听到"滋滋"的声响就说明烙铁加热性能良好。（2）用焊锡丝触碰烙铁头,观察焊锡丝是否熔化,能够熔化就说明电烙铁加热性能良好。（3）采用多用表测量来判断,如图 7-6 所示连接线路,观察读数——测试结果为 1～3 kΩ,正常;测试结果为 0 Ω,电烙铁短路;测试结果为 1,或者 000 闪动,电烙铁断路。

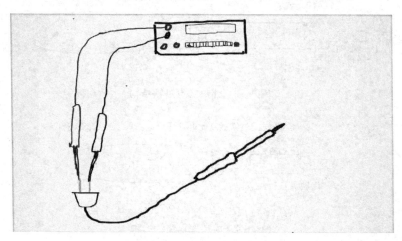

图 7-6　多用表测试电烙铁是否热的接线示意图

7.3　焊接技术

装配与焊接过程是保证产品质量的关键环节,因此,也是实习课程的重点。

进行电子电路装配时应遵循如下 3 个基本原则。

（1）装配中,以元件在电路板上的高度为参考时,应遵循从低到高的原则,如按照下面的次序安装:飞线→电阻、二极管→集成电路或电路插座→非电解电容→晶体管→电解电容→其他专用的大型器件。

（2）当电路系统的性能及生产工艺、调试步骤不甚完善时,除考虑元件高度因素外还应遵循下面的原则,即先安装无源元件,后安装有源器件,有源器件也要分区安装,调试一部分、安装一部分。

（3）有的电路中设计了特殊元件,如大功率晶体管、四联可变电容、变压器等需要用螺钉固定的元件,这时还要考虑这些元件的安装顺序,在与其他元件的安装不冲突时,尽可能靠后,以使电路板的重量在前期操作中尽可能轻一些。

产品在定型阶段的装配过程中,操作者应综合以上因素,统筹安排。

7.3.1　手工焊接

对电路系统的手工焊接应分类进行(或分区进行)。

分类进行即按照装配原则(1)中的以元件在电路板上的高度分类进行焊接。这种方法适用于比较成熟的电路系统,用这种方法装配、焊接的电路板整齐、美观、一致性好。

分区进行焊接的方法多用于试验阶段的电子系统,即把各部分的电路按其在整个系统中的作用分区,如电源区、功放区、前置放大区、振荡器区等,将这些区独立地分别进行装配、焊接、调试。

不论选用哪种方法,一次安装、焊接的元件都不要太多,否则需要焊接的引脚过于密集,不便于电烙铁操作。

焊接前应做好准备工作,检查电烙铁的状态,以 20 W 内热式电烙铁为例,其电源插头间的直流电阻约为 2.2 kΩ。烙铁头的形状如图 7-7 所示。

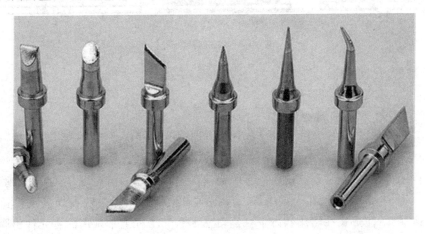

图 7-7　烙铁头形状图

烙铁头上椭圆截面部分应沾满一层焊锡,若截面不平整,可在电烙铁被加热的情况下用锉刀将其表面锉平,并镀上一层锡。

焊接方法可归纳为"五步法",如图 7-8 所示,或总括为 3 步。

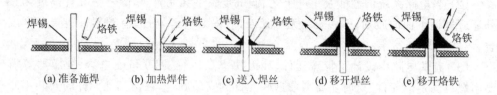

图 7 - 8　焊接步骤

（1）第一步，预热，即用烙铁同时给元件引脚和焊盘加热。

加热 1～2 s 后即可进行第二步。加热过程中应特别注意以下问题：

① 烙铁头要同时接触焊盘和引脚，尤其是一定要接触到焊盘。

② 烙铁头椭圆截面的边缘处也一定要镀上锡，否则不便于给焊盘加热。

③ 加热时，烙铁头切不可用力压焊盘或在焊盘上转动，因为焊盘是由很薄的铜箔贴敷在纤维板上的，高温时，机械强度很差，稍一用力焊盘就会脱落，造成无法挽回的损失，加之烙铁头的侧刃比较锋利，使得这种现象在实习中时有发生。

（2）第二步，送锡，即在焊盘和引脚被加热到合适的温度后，仍使烙铁头保持与焊盘和引角接触，同时向焊盘上送焊锡丝，随着焊锡丝的熔化，焊盘上的锡将会流满整个焊盘并堆积起来，形成焊点。

标准的焊点应如图 7 - 9 所示。

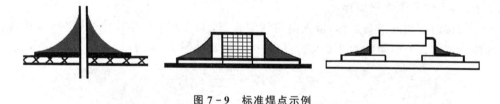

图 7 - 9　标准焊点示例

标准的焊点应具备以下特点：

① 焊点有足够的机械强度。

② 焊接可靠，保证导电性能。

③ 焊点表面整齐、美观，形状如干沙堆；焊点的外观应光滑、无毛刺、清洁、均匀、对称、整齐、美观，充满整个焊盘并与焊盘大小比例合适。

送锡的量应把握一个原则——在焊锡流满整个焊盘的前提下，用锡越少越好。

（3）第三步，冷却。在焊锡送够以后，先将焊锡丝移开，烙铁在焊盘上停留片刻后，迅速移开，使焊锡在熔化状态下恢复自然形状。工程上常采用沿着元件引脚方向移动电烙铁的方法，这样，即使出现毛刺，也是在靠近元件引脚的位置上，将会随着元件引脚被一起剪掉而不留痕迹。

烙铁移开后要保持两个不动——元件不动，电路板不动。因为此时的焊点处于熔化状态，机械强度极弱，元件与电路板的相对移动会使焊点变形，严重影响焊接质量。

手工焊接的 3 个步骤一般仅在 2～3 s 之内即可完成。

常见的缺陷焊点如图 7 - 10 所示。

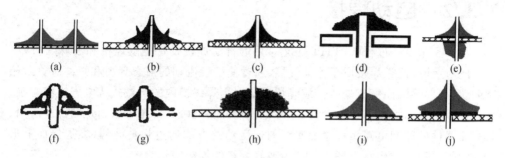

图 7 - 10　常见的缺陷焊点

虚焊是电子工程中的大敌,该情况若出现在民用家电中,会造成电器设备工作不稳定;若出现在工业电子设备中,则会给企、事业单位造成经济损失;若出现在国防工业中,后果不堪设想。20 世纪 70 年代,我国研制的导弹在试飞时就因虚焊坠毁过,造成了人员和财产方面的重大损失。

造成虚焊的原因主要有以下 3 个方面:

① 元器件的可焊性差造成的虚焊。

元器件的表面有氧化层,装配前没有处理造成的虚焊如图 7 - 10(f)和(g)所示。引脚表面的氧化层影响了焊锡与引脚之间的融合,因此焊锡不能在助焊剂的作用下浸透元器件引脚的表层,造成出现这种虚焊。由于这种虚焊发作快,因此在质检或调试中可以被查出来。

② 焊盘的可焊性差造成的虚焊。这种虚焊的形状如图 7 - 10(d)所示。

焊点像落在荷叶上的水珠不能浸透荷叶一样,焊锡也没能浸透焊盘的表层。这种虚焊在预热时未能将焊盘加热,而送锡时是向引脚或烙铁头上送,滴落在焊盘上,也会形成同样的效果。

③ 元件引脚有局部氧化斑造成的虚焊,如图 7 - 11 所示。

这种虚焊不能被检查出来,但又确实存在于焊点内,氧化斑在焊接的过程中沾上了酸性助焊剂而成为酸性物质,在其两侧分别是铜和锡,从而形成了一个原电池,这个"电池"给焊点埋下了严重的隐患,多则一两年,少则几个月,这个焊点连同焊盘都将会被腐

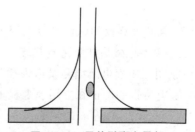

图 7 - 11　元件引脚有局部
氧化斑造成的虚焊

蚀掉。焊接是一项通过实际操作才能掌握的技术,本书仅就其基本操作方法做简单介绍,实际操作中会遇到许多具体情况,譬如操作环境、实际焊接的位置、焊接对象等,都不会如教材中叙述得那样简单。学习者还需在实际工作中不断地摸索、实践才

能较好地掌握。

7.3.2　自动焊接

在工业化生产过程中,THT 工艺常用的自动焊接设备是浸焊机和波峰焊机,从焊接技术上说,这类焊接属于流动焊接,通过使熔融流动的液态焊料和焊件对象做相对运动,实现湿润而完成焊接。波峰焊机是利用焊锡槽内的机械式或电磁式离心泵,将熔融焊料压向喷嘴,形成一股向上平稳喷涌的料波峰并源源不断地从喷嘴中溢出。装有元器件的印制电路板以平面直线匀速运动的方式通过焊料波峰,在焊接面上形成润湿焊点而完成焊接。图 7-12 为波峰焊机的焊锡槽示意图。

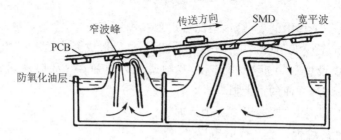

图 7-12　波峰焊机工作示意图

7.4　焊接实训

任务:完成一块焊接练习板的焊接。

要求:焊点标准。

实训练习:焊接与调试工艺

① 判断电烙铁的好坏可以采用下列哪种方法?(　　　)。

A. 用手触碰烙铁头感觉热度

B. 用三用表电阻档测量烙铁插头两端的电阻

② 电烙铁的阻值在三用表上显示哪个数值表示电烙铁是好的?(　　　)。

A. 显示 2 kΩ 左右的阻值

B. 无论三用表电阻档哪一档测量都显示 1

③ 焊接时的正确方法是(　　　)。

A. 先撤焊锡,后撤烙铁

B. 同时撤掉焊锡和烙铁

④ 下列哪种焊盘是合格的?(　　　)。

A. 焊锡占满焊盘,焊锡越少越好

B. 焊盘越大、焊锡越多越好

⑤ 焊接的正确方法是(　　)。

A. 烙铁头同时接触焊盘和管脚,送焊锡后,焊锡融化在焊盘上

B. 烙铁头不接触焊盘,放在管脚上,送焊锡后,焊锡滴落在焊盘上

⑥ 装配一块电路板的装配顺序是(　　)。

A. 按元器件装在电路板上从低到高的顺序

B. 按任意顺序装配

⑦ 三极管在装配方面遵循的是(　　)。

A. 没有方向

B. 三极管圆弧的方向和电路板上印刷的图标圆弧一致

⑧ 集成电路插座装配原则是(　　)。

A. 集成电路插座的半圆缺口和电路板上印刷的图标缺口一致

B. 没有方向,任意装配

⑨ 如果集成电路插座方向插反了,在插装集成电路时(　　)。

A. 集成电路的半圆缺口和插座的缺口一致

B. 集成电路的半圆缺口和电路板上印刷的图标缺口一致

⑩ 大功率三极管的装配原则是(　　)。

A. 先固定后焊接

B. 先焊接后固定

第8章 案例实训

　　分模块训练是基于传感器检测实训设备开展的,遵循学习过程"由简至难,从单一到综合"的规律,让学生首先分析单一模块的特性,进而可以开发、设计综合性实验。本章将首先介绍将用到的实训平台,然后再列举几项经典的分模块练习。

　　本教材涉及实习所用的实训平台是 S118 传感器检测与转换装置,如图 8-1 所示,该装置具有以下 3 大特点:

　　第一,转换电路板采用模块化结构,学生可根据需要选择不同模块,也便于根据教学大纲变动增加新的实验模块。

　　第二,传感器和转化电路模块正面印有电路原理图。这种直观性有助于学生提升感性认识、提高实验效果。

　　第三,一个模块对应一类传感器,实验接线方便,电源具有自动保护功能。

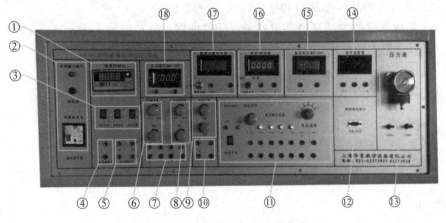

图 8-1　传感器转换与检测装置

　　注:①温度控制仪;②总电源指示及控制区;③加热源控制及温控开关;④温控仪传感器输入;⑤加热源输出;⑥音频信号输出调节;⑦信号输出插孔;⑧低频信号输出调节;⑨差动放大器调节区;⑩差动信号输入及放大输出;⑪固定直流电压及可调电压输出区;⑫计算机数据采集接口;⑬压力表及气源输入、输出;⑭电子温度表;⑮直流电压表;⑯频率/转速表;⑰数据采集电压表;⑱交流电压表。

　　实验台由主控台、传感器、实验模块、位移台架、数据采集卡及处理软件、实验台桌 6 部分组成。

　　主控台部分提供高稳定的±5 V、±15 V、±2～±10 V(可调)、±2～±24 V(连续可调)直流稳压电源;两组温度电源。主控台面板装有空气开关,电压、频率、转速显示表;温度表,温度控制仪微机电源;低频信号系统源 1~30 Hz(可调);音频信号源 0.4~10 kHz;差动放大器,气压表、储气箱;RS232 计算机串行接口。

传感器种类及技术指标如表 8-1 所列。

表 8-1 传感器种类及技术指标

序 号	实验模块	传感器名称	量 程	精 度
1	电阻霍尔式传感器	电阻式传感器	±1 mm	±1.5%
2		霍尔式传感器	≥2 mm	0.1%
3	电容式传感器	电容式传感器	±5 mm	±1.3%
4	电感式传感器	电感式传感器	±5 mm	±3%
5	光电式传感器	光电式传感器	0~2 500 r/min	≤1.5%
6	涡流式传感器	涡流式传感器	≥1 mm	±3%
7	集成式温度传感器	集成式温度传感器	−55~150 ℃	±2%
8	压电式加速度传感器	压电式加速度传感器	1~30 Hz	±2%/s
9	光纤式传感器	光纤式传感器	≥1.5 mm	±1.5%
10	压力传感器	压力传感器	0~50 kPa	±2%
11		气敏传感器	50~200 ppm	
12		湿敏传感器	10%~95% RH	±5%
13		霍尔式转速传感器	0~2 400 r/min	±1.5%
14	热电偶、热电阻传感器	E 型热电偶	0~800 ℃	±3%
15		Rt100 铂电阻	0~800 ℃	±2%
16		K 型热电阻	0~800 ℃	±3%
17		铜电阻	0~100 ℃	±3%
18				
19		PN 结温度传感器	0~200 ℃	±3%
20		正温热敏电阻	0~200 ℃	±3%
		负温热敏电阻	0~200 ℃	±3%
21		涡流测速传感器	0~2 400 r/min	
22		磁电测转速传感器	0~2 400 r/min	
23	热释电红外传感器	热释电红外传感器		3 200 V/W

计算机数据采集系统由数据采集卡、计算机及数据采集软件组成,可以利用计算机的强大数据处理功能对实验结果进行分析。

数据采集卡已安装于仪器内部,其采集的数据即为实验设备上数字电压表的信号输入端。数据采集卡采用 12 位 A/D 转换;分辨率达 1/2 048;采样周期为 1~1 000 ms,可自行设定;采集方式分单次和连续两种模式,单次模式用于采集一个静态的数据,连续模式用于采集动态的连续数据。数据采集卡采用标准 RS - 232 接口,波特率为 28 800 bps,设一个停止位,无奇偶校验位,与计算机串行工作。数据采集卡提供的处理软件有良好的计算机界面,可以进行实验项目选择与编辑,数据采集,特性曲线的分析、比较、文件存取、打印等。

计算机数据采集系统单次采集每组最多采集 30 个数据,实验结果曲线可以用实验点、点间连线、拟合线 3 种方式任意显示,可以同屏显示几组实验曲线用于进行比较,如电阻式传感器的单臂、半桥、全桥特性的比较。连续采集最高采样频率为 1 kHz,最长采集时间为 10 s。连续采集的实验曲线可以按时间轴任意缩放。

8.1　分模块训练

分模块训练借助于传感器检测与转换平台探究不同传感器模块的特性,进而可灵活地实现综合设计和应用电路模块的目的。因篇幅所限,本节内容仅详述部分模块特性实验,更多内容可参见该平台使用说明书或者其他相关资源。

8.1.1　电阻式传感器的振动实验

(1) 实验目的

了解电阻应变式传感器的动态特性。

(2) 实验所用单元

电阻应变式传感器、调零电桥、直流稳压电源、低频振荡器、振动台、示波器。

(3) 实验原理及电路

① 电阻丝在外力作用下发生机械变形时,其阻值发生变化,这就是电阻应变效应,其关系为:

$$\Delta R / R = K\varepsilon$$

其中,ΔR 为电阻丝变化值,K 为应变灵敏系数,ε 为电阻丝长度的相对变化量 $\Delta L / L$。通过测量电路,将电阻变化转换为电流或电压输出。

② 电阻应变式传感如图 8 - 2 所示。传感器的主要部分是上、下两个悬臂梁,4 个电阻应变片贴在梁的根部,可组成单臂、半桥与全桥电路,最大测量范围是 ±3 mm。

将电阻式传感器与振动台相连,在振动台的带动下,可以观察电阻式传感器动态特性,电路图如图 8 - 3 所示。

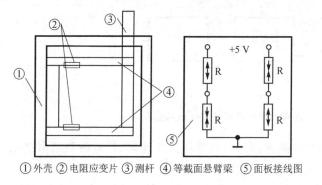

①外壳 ②电阻应变片 ③测杆 ④等截面悬臂梁 ⑤面板接线图

图 8-2 电阻应变式传感器

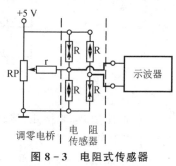

图 8-3 电阻式传感器
振动实验电路图

(4) 实验步骤

① 固定好振动台,将电阻应变式传感器置于振动台上,将振动连接杆与电阻应变式传感器的测杆适度旋紧。

② 按照图 8-3 接线,将四个应变片接入电桥中,组成全桥形式,并将桥路输出与示波器探头相连,低频振荡器输出接振动台小板上的振荡线圈。

③ 接通电源,调节低频振荡器的振幅与频率以及示波器的量程,观察输出波形。

8.1.2 电容传感器的振动实验

(1) 实验目的

了解电容式传感器的动态特性。

(2) 实验所用单元

电容式传感器、电容式传感器转换电路板、直流稳压电源、低频振荡器、振动台、示波器。

(3) 实验原理及电路

将电容式传感器与振动台相连,在振动台的带动下,可以观察电容式传感器的动态特性,电路图如图 8-4 所示。

(4) 实验步骤

① 固定好振动台,将电容式传感器置于振动台上,将振动连接杆与电容式传感器的测杆适度旋紧。

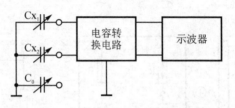

图 8 - 4　电容式传感器振动实验电路图

② 按照图 8 - 4 接线,将转换电路输出与示波器探头相连,低频振荡器输出接振动台小板上的振荡线圈。

③ 接通电源,调节低频振荡器的振幅与频率以及示波器的量程,观察输出波形。

8.1.3　超声波传感器的位移特性实验

(1) 实验目的

① 了解超声波在介质中的传播特性。

② 了解超声波传感器测量距离的原理与结构。

③ 掌握超声波传感器及其转换电路的工作原理。

(2) 实验所用单元

超声波发射传感器、超声波接收传感器、超声波传感器转换电路板、反射挡板、直流稳压电源、数字电压表。

(3) 实验原理及电路

超声波传感器由发射传感器与接收传感器及相应的测量电路组成。超声波是在听觉阈值以外的声波,其频率范围在 20～60 kHz 之间,超声波在介质中可以产生 3 种形式的振荡波,即横波、纵波和表面波。本实验以空气为介质,用纵波测量距离。发射探头发出 40 kHz 的超声波,在空气中的传播速度为 344 m/s,当超声波在空气中碰到不同界面时,会产生一个反射波和折射波,其中反射波由接收传感器输入测量电路,测量电路可以计算机超声波从发射到接收之间的时间差,从而得到传感器与反射面的距离。图 8 - 5 为本实验原理图。

(4) 实验步骤

① 按照图 8 - 5 连线。

② 在距离超声波传感器 20～30 cm(0～20 cm 为超声波测量盲区)处放置反射挡板,接通电源,调节发射传感器与接收传感器之间的距离(10～15 cm)与角度,

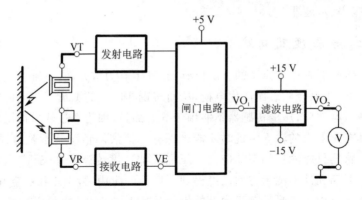

图 8 - 5　超声波传感器实验原理图

使得在改变挡板位置时输出电压能够有所变化。

③ 平行移动反射挡板,每次增加 5 cm,读取输出电压,记入表 8 - 2 中。

表 8 - 2　输出电压记录表

X/cm								
U_0/V								

(5) 实验报告

① 根据表 8 - 2 的实验数据画出超声波传感器的特性曲线,并计算其灵敏度。

② 本实验中超声波传感器的特性是否是线性的? 为什么? 其线性度受到什么因素的影响?

(6) 拓展实训

超声波传感器是一种非接触式的位移传感器,非常适用于进行距离报警的设备。请设计一个汽车的倒车雷达装置,并进行说明。

8.1.4　压电加速度式传感器的特性实验

(1) 实验目的

① 了解压电加速度式传感器的基本结构。
② 掌握压电加速度式传感器的工作原理及应用。

(2) 实验所用单元

压电加速度式传感器、压电加速度转换电路板、低频振荡器、振动台、直流稳压电源、数字电压表、示波器。

（3）实验原理及电路

    压电式传感器是一种典型的有源传感器,其中有力敏元件,在压力、应力、加速度等外力作用下,压电介质表面产生电荷,从而实现非电量的测量。压电传感器的主要工作原理是压电效应,压电传感器不能用于静态测量,因为经过外力作用后的电荷只有在回路具有无限大的输入阻抗时才能被保存。但实际情况并不是这样的,因此决定了压电传感器只能测量动态的应力。压电式加速度传感器在飞机、汽车、船舶、桥梁和建筑的振动和冲击测量方面已经得到了广泛的应用,特别是在航空和宇航领域。压电式传感器可用于测量发动机内部的燃烧压力与真空度,也可以用于测量枪炮子弹在膛中击发瞬间膛压的变化和炮口的冲击波压力。本实验所采用传感器的输出信号与传感器移动的加速度成正比,图 8-6 为实验电路框图。

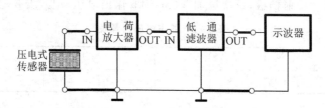

图 8-6　压电式传感器实验原理框图

（4）实验步骤

    ① 将压电加速度式传感器置于台架上固定好。

    ② 观察传感器的结构,包括双压电陶瓷晶片、惯性质量块、压簧、引出电极等,其中,惯性质量块在传感器振动时,对陶瓷晶片产生正比于加速度的交变力,压电陶瓷晶片在此交变力的作用下输出正比于加速度的信号。

    ③ 按照图 8-6 接线,并将低频振荡器输出接至振动台小板上的振荡线圈。接通电源,观察输出波形。

    ④ 调节振幅,比较在不同振幅下输出波形峰值的不同情况。

（5）实验报告

    ① 分析为什么振幅越大,输出波形的峰值也越大。

    ② 比较压电式加速度传感器和压阻式压力传感器特性的不同点。

    ③ 设计一款利用压电式加速度传感器的工业装置来提高其自控的智能化程度,如电力、机床、建筑、航空航天等行业装置。

8.2 综合实训

8.2.1 电阻式和电容式传感器的电子秤实验对比

(1) 实验目的

① 进一步掌握电阻式和电容式传感器的特性。
② 了解电阻式和电容式传感器在称重仪器中的应用。

(2) 实验所用单元

电阻应变式传感器、电容式传感器、电容式传感器转换电路板、调零电桥、差动放大器板、直流稳压电源、数字电压表、振动台、砝码。

(3) 实验原理及电路

由于电阻式和电容式传感器的输出与位移成正比,利用弹性材料的特性,可以使电阻式和电容式传感器的输出与质量成线性关系,由此可以测量质量。在本实验中可以利用振动台的振动梁作为弹性部件。

(4) 实验步骤

① 根据 7.1 节中 7.1.1 和 7.1.2 的实验内容进行电子秤实验装置的基础设计。
② 调节差动放大器的零点与增益,调节该电子秤实验装置的零点与量程,注意确定量程时不要超出电阻式传感器或电容式传感器的线性范围,并使砝码质量与输出电压在数值上有直观的联系。
③ 根据所确定量程,逐次增加砝码的质量,将质量与输出电压记入表 8-3。

表 8-3 质量与输出电压记录表

M/g				0				
U_0/mV				0				

④ 根据表 8-3 中的实验数据,计算该电子秤装置的精度。
⑤ 若要增加电子秤装置的量程,可以采取哪些措施?
⑥ 总结利用电阻式和电容式传感器的电子秤的特点,并比较两者的优劣。

8.2.2 脉冲宽度调制器装配、调试与检测规程

(1) 装 配

1) 准备工作

① 按照附表清单(见表8-4)清点分配到的元器件数量。

表8-4 脉冲宽度调制器稳压电源(DC-DC变换器)元件清单

编 号	名 称	规 格	数 量	编 号	名 称	规 格	数 量
R1		2K7	1	D1		1N4148	1
R2		10K	1	D2		1N4148	1
R3		2K7	1	D3		1N4007	1
R4		15K	1	Q1		9014	1
R5		2K2	1	Q2		9014	1
R6		8K2	1	Q3		9014	1
R7		1K	1	Q4		TIP41C	1
R8	碳膜电阻	330 Ω	1	U1		CA3524	1
R9		10K	1	U2		LM339	1
R10		2K7	1	U3		7812	1
R11		100K	1	RV1		5K	1
R12		4K7	1	L1		自制	1
R13		1K2	1	U1插座		DIP16	1
R14		10K	1	U2插座		DIP14	1
R15		0.1 Ω	1	散热片			1
C1		待定		M3 螺钉			2
C2		680 pF	1	M3 螺母			2
C3		0.1 μF	1	红导线		10 cm	2
C4		0.01 μF	1	黑导线		10 cm	2
C5	瓷片电容	0.022 μF	1	PCB 板			1
C6		100 pF	1				
C9		0.022 μF	1				
C11		0.01 μF	1				

续表 8 - 4

编　号	名　　称	规　格	数　量	编　号	名　称	规　格	数　量
C8	电解电容	1 000 μF	1				
C10		1 μF	1				
C12		470 μF	1				

② 检测元器件,如发现问题,写出清单并向指导老师请求更换。

③ 对可焊性差的元件进行预先处理。

④ 认真检查印刷电路板上是否有连线、断线、缺孔等现象。

⑤ 熟悉印刷电路板与原理图(见图 8 - 7)之间的对应关系。

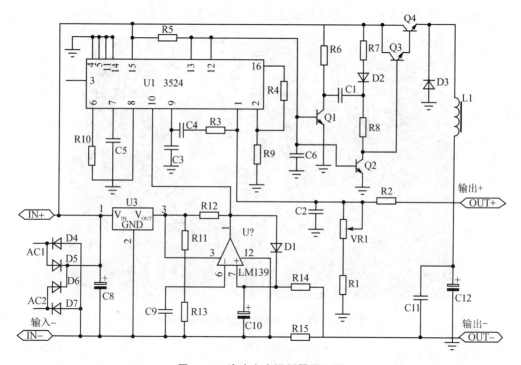

图 8 - 7　脉冲宽度调制器原理图

⑥ 检查焊接工具的状态。

2）装配顺序及要求

① 安装小功率电阻及短跨线。要求:全部电阻及跨线卧式安装到底。

② 安装 3 只二极管及 1 W 的电阻。

③ 安装瓷片电容。要求:电容的读数方向与电路板印字方向一致;焊接时留
3 mm 引脚高度。

④ 安装 2 只集成电路插座、可变电阻和 3 只晶体管。要求:焊接插座前一定要
检查所有引脚是否都穿过了安装孔;插座的方向应与电路板上的符号方向一致;插座

安装到底;晶体管留 5 mm 引脚高度。

⑤ 安装电解电容。要求:安装到底。

⑥ 安装功率管 Q4。要求:Q4 平放在 PCB 板上安装,先上螺钉,后焊接引脚。

⑦ 制作电感 L1。方法:用塑料带将磁环包裹一层;用 0.51~0.8 mm 的漆包线在磁环上穿绕;留 20 mm 线头,刮漆、上锡。要求:线圈绕制要紧、密、平、匀。

⑧ 用电感测试仪测量电感 L1 的电感量应不小于 2 mH。

⑨ 将合格的电感安装在电路板上。要求:直立安装到最低位置。

⑩ 将 2 片集成电路安装在插座上。要求:方向一定要与电路板上符号的方向一致。

⑪ 安装输入、输出导线。要求:正、负极性用颜色分开。

脉冲宽度调制器稳压电源电路板装配完成后如图 8-8 所示。

图 8-8　脉冲宽度调制器稳压电源电路板

(2) 调　试

1) 初　调

① 检查焊接质量(连焊、漏焊、错焊、虚焊)。

② 测量并记录自制电感量。

③ 将电位器旋转至中间位置。

④ 测量输入端正、反向电阻(不应有短路现象),记录所测量的值及量程。

2) 调试(调试过程中元器件损坏更换后,须从初调步骤③重新调起)

① 将两条输入线接在 12 V 电源上。

② 用示波器观察集成电路 CA3524 的第 3 脚、第 7 脚、第 12 脚的波形及输出端

纹波的波形,记录各点波形的形状、幅度、宽度、周期。

③ 测量输出端直流电压,旋转可变电阻 RV1,输出电压应在 4~10 V 之间连续可调,记录测得的低端和高端电压值。

④ 将输出电压调至最大,在输出端接上负载电阻,测量此时的输入电流和输出电流并计算工作效率。记录测试条件及相关计算过程和结果。

⑤ 将输出电压调至最小,负载电阻不变,计算效率。记录测试条件及相关计算过程和结果。

⑥ 摘下负载电阻,将输出电压调至最小,然后慢慢增加输出电压,RV1 每旋转 15°(或 30°)观察一次输出电压值,直至输出电压最大,根据观察结果画出以 RV1 的旋转角度为横坐标、输出电压为纵坐标的曲线。

⑦ 将脉宽调制器的输出端瞬间短路,输出电压应变为 0 V,说明短路保护电路工作正常。做记录。

⑧ 自己设计一个方案,画出电路框图,测量并计算该系统的输出电阻。

调试工作完成后将所记录的数据、波形及其图形整理成技术报告。

(3) 实习报告要求

① 填写学号、姓名、组号(即桌牌号)。

② 实习报告题目。

③ 实习电路原理简述。

④ 调试内容中所有数据及波形。

⑤ 数据精确到小数点后一位。波形要完整,至少画一个周期,图形上要注明波形参数(标注最终结果)。

⑥ 除图形外不得使用铅笔。

⑦ 实习报告中要求字迹清楚、整洁。

⑧ 实习报告需使用专用电子实习报告纸(复印无效)。

(4) 思考题

① 直流稳压电源有哪几种类型?

② 开关型直流稳压电源的基本工作原理是什么?

③ 为什么调整 RV1 会使输出电压发生变化?

④ RV1 阻值减小时输出电压是升高还是降低?

⑤ L1 在电路中的作用是什么?

⑥ D2 在电路中起什么作用? 简述其工作过程。

⑦ CA3524 第 3 脚的窄脉冲有什么作用?

⑧ CA3524 第 12 脚、第 13 脚的脉冲与第 7 脚脉冲有什么关系?

⑨ 简述 PWM 的工作过程。

⑩ 直流稳压电源有哪些技术指标？

⑪ 用图示仪测量晶体管时,各个旋钮应如何设置？

⑫ 示波器的横、纵坐标各是什么单位？

⑬ 比较器有几种典型用法？

⑭ 比较器的滞回特性有什么作用？

⑮ 简述过流保护电路的工作过程。

⑯ 晶体管放大器有几种接法,各有什么特点？

⑰ 晶体管有哪些技术参数(列举 4 种以上)？

⑱ 与非门和或非门的逻辑关系是什么？

⑲ 用三用表测量电阻时应注意什么问题？

⑳ 叙述用三用表测量二极管的过程。

㉑ 叙述用三用表测量三极管的过程。

㉒ 实习电路的输入端为什么会有正、反两个不同的阻值？

㉓ 为什么用三用表的电阻档测量电容时表针会摆动一下？

㉔ 焊接时焊点高的原因是什么？

㉕ 焊盘脱落的原因是什么？

㉖ 造成虚焊的原因有哪些？

㉗ 简述抽查色环电阻的识别方法。

㉘ 简述抽查电容的标注方法。

8.2.3　FM 微型收音机装配、调试与检测规程

(1) 装　配

1) 准备工作

① 检查分配到的电路板是否有连线、断线、缺孔等现象。

② 检查电路板上表贴的芯片方向是否贴对以及是否贴正、贴好;管脚间有无连焊。

③ 熟悉印刷电路板与原理图(图 8 - 9)之间的对应关系。

④ 按照附表清点分配到的元器件的规格及数量。

⑤ 检测元器件,发现有问题及时向老师报告。

⑥ 对可焊性差的元件进行预处理。

⑦ 检查焊接工具的状态。

2) 装配顺序及要求

收音机装配图可参考图 8 - 10。

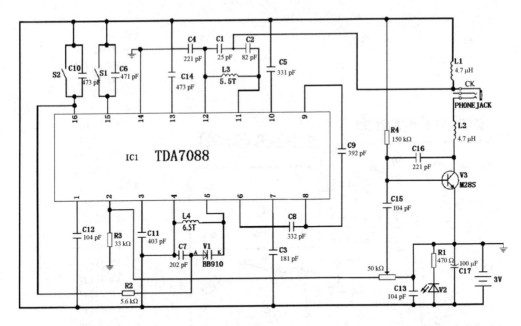

图 8 - 9　收音机原理图

① 5 根短路线。要求:卧式安装到底。

② 变容二极管 V1。要求:安装要按照方向进行,二极管 V1 的红色标记端为负极,电路板上符号的双线为负极,安装时要相对应,且安装后应能看到二极管的红色负极标记,尽量紧贴着电路板安装。

③ 电阻 R1~R5。要求:卧式安装,紧贴电路板。

④ 瓷片电容 C1~C17,C19。要求:安装高度尽量低,元件上的文字标注方向尽量一致。

⑤ 电感 L1、L2。要求:先检测其两端的电阻是否几乎为 0,否则不要往电路板上焊,安装时尽量紧贴电路板。

⑥ 电感 L3、L4。要求:L3 为空芯 φ5,L4 为空芯 φ3,安装时紧贴电路板元件面。

⑦ 轻触开关 S1、S2。要求:没有方向,没有焊盘的引脚不用焊接,引脚不要折弯。

⑧ 三极管 V3、V4。要求:三极管半圆面对应电路板上的圆弧,三极管管脚的根部尽量靠近电路板;三极管的三管脚离得很近,注意不要连焊。

⑨ 电解电容 C18。要求:电容的长脚为正极,短脚为负极,安装时电容的负极对应电路板上的白色网线,电容紧贴电路板安装。

⑩ 耳机插孔 CK。要求:紧贴电路板。

⑪ 音量电位器开关 RP。要求:有红胶垫片的面与元件面(图 8 - 11)一致;电位器的圆周紧贴电路板的圆弧;电位器的五个焊脚直接焊在焊盘上,焊锡必须盖满焊

电阻：
R1:470 Ω
R2:5.6 kΩ
R3:33 kΩ
R4:150 kΩ
电感：
L1:4.7 μH
L2:4.7 μH
L3:空芯φ5
L4:空芯φ3
电容：
C1:25 pF
C2:82 pF
C3:181 pF
C4:221 pF
C5:331 pF
C6:471 pF
C7:202 pF
C8:332 pF
C9:392 pF
C10:473 pF
C11:403 pF
C12:104 pF
C13:104 pF
C14:473 pF
C15:104 pF
C16:221 pF
C17:100 μF
晶体管：
V1:BB901
V2:发光管
V3:M28S
其他：
S1:轻触开关
S2:轻触开关
CK:耳机插孔
RP:音量电位器

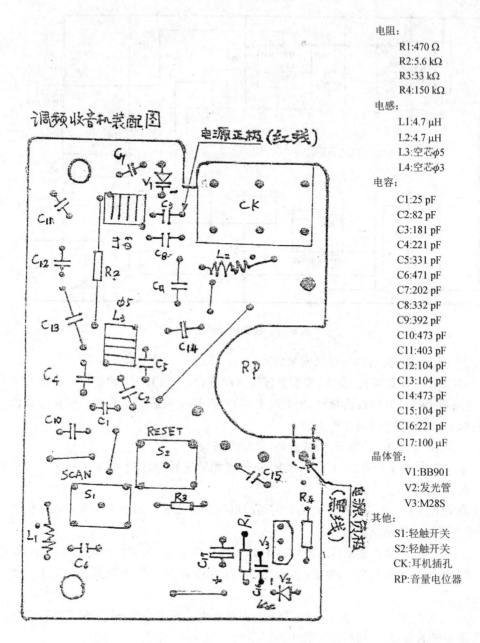

图 8-10　收音机装配图

盘,焊盘孔上不用插导线。

⑫ 发光二极管 V2。要求:长腿的为正极,管子距电路板的高度为 1 mm 左右,且垂直于电路板,否则将影响总装。

⑬ 电源线。要求:正负极引线用不同颜色分开,可以直接焊在焊接面(图 8-12)

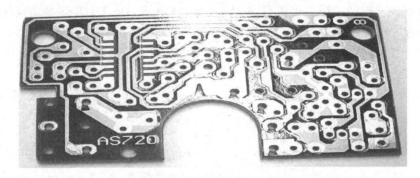

图 8 - 11　收音机元件面

贴焊,电源线两端所露裸线不要太长,以防止与其他焊点短路。

图 8 - 12　收音机焊接面

(2) 调　试

1) 初　调

① 检查所有元器件的型号、规格、数量及安装位置,方向是否与装配图一致。

② 检查所有焊点有无连、漏、错、虚焊现象。

③ 测量输入端正、反向电阻,不应有短路现象,否则不要通电。

2) 调　试

① 清理桌面,确认电源为 3 V,确认无误后接上电源,正负极务必不可接反。

② 通电耳机有声,可以搜索,先按复位键 S2,再按调台键 S1,只要元器件质量完好,安装正确,焊接可靠,不用调任何部分即可收到电台广播。

③ 用改锥调 L4,拉开其线绕间距,边调边听,使收听的台最多,且按过 RESET

键后第一次按 SCAN 键可收到 87.6 MHz(北京文艺台);由于 D7088 的集成度高,如果元器件一致性较好,一般收到低端电台后均可覆盖 FM 频段 87～108 M,L4 间距越大,电感量越小,共振频率越高,低端的电台可能收不到,应使接收频段上移;反之亦然。

④ 机器的灵敏度由电路及元器件决定,一般不用调整,调好覆盖后即可正常收听。

(3) 检　测

① 耳机若无声,先检查耳机,如无问题,测量晶体管 V2、V3 集电极电压,应在 1 V 左右。

② 必须用手摸某一部位才有声,多数是因为焊接质量有问题,尤其应该检查音量电位器 RP 的几个引脚是否焊好,芯片也有可能没焊好。

③ 在测芯片的电压时,不要直接测引脚,要测引脚的外围元件。

(4) 总　装

① 蜡封电感 L4,调试完成后将适量泡沫塑料填入电感 L4,注意不要改变电感的形状和匝间距,滴入适量蜡,以使电感固定。

② 将音量开关 RP 的旋钮用螺钉固定在音量开关 RP 位置上。

③ 将前面壳的装饰环装入前面壳,用烙铁将装饰环上的几个塑料柱轻轻地烫一下,使其变形以固定在前面壳上,注意用烙铁时一定要小心,不要烫伤前面壳。

④ 将电路板上正电源线的另一端焊在不带弹簧的电池片上;将电路板上负电源线的另一端焊在小的带弹簧的电池片上。

⑤ 将焊好的正负电池片和正负电池连接片插入后面壳相应位置。

⑥ 将 RESET 和 SCAN 的按钮装入前面壳。

⑦ 对准 LED(V2)位置,将电路板放入前面壳,注意电源线不妨碍机壳装配。

⑧ 装后盖,对准位置装上两个尖长螺钉。

⑨ 装卡子,用一个尖头短螺钉固定。

8.2.4　机器狗

(1) 实验目的

由学生完成从电路原理仿真验证、印制电路板设计和制造直到元器件检测、焊接、安装、调试的产品设计和制造全过程,培养学生的工程实践能力。

（2）原理图

1）工作条件

图 8-13 所示为 EDA 实践高级任务(机器狗)示例电路原理图,这是一种声控、光控、磁控机电一体化电动玩具。其主要工作原理是利用 555 集成电路构成的单稳态触发器,在三种不同的控制方法下,均会给以低电平信号触发,使电机转动,从而实现使实验对象停走的目的,即拍手即走、光照即走、磁铁靠近即走,但都只是持续一段时间后就会停下,再满足其中一个条件时将继续行走。

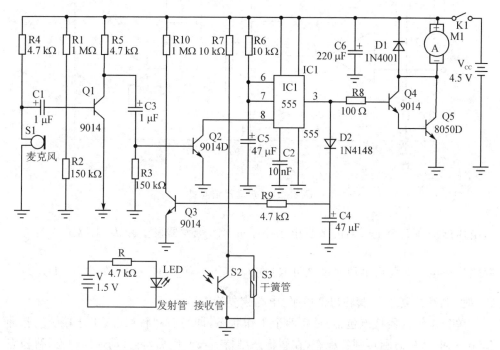

图 8-13　EDA 实践高级任务(机器狗)示例电路原理图

2）原理分析

机器狗可以被分成 4 部分。

第一部分是由 LM555、R6、C2、C5 组成的单稳态触发器。利用 555 集成电路构成的单稳态触发器,在 3 种不同的控制方法下,均给以低电平触发,促使电机转动,从而达到机器狗"走一停"的目的,但都只是持续一段时间就会停下来,再任意满足其中一个条件即会继续行走。555 定时器的功能主要由两个比较器 C1 和 C2 决定,比较器的参考电压由分压器提供,如图 8-14 所示。

单稳态触发器平时总是处于一种稳定状态,在外来低电平作用下,能翻转成新状态。但这种状态不稳定,只能维持一段时间,所以被称为暂态。具体来说,若触发输

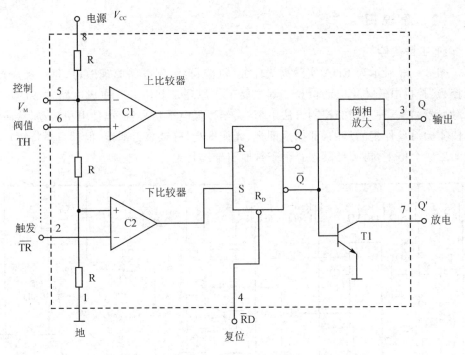

图 8-14　定时器结构图

入电压施加在 555 定时器的 2 脚电压小于 $\frac{1}{3}V_{cc}$,触发器发生翻转,电路进入暂态,3

脚输出高电平。此后电源通过电阻 R6 向 C5 充电,当 V_{c5}(C5 正极处电压)上升到 $\frac{2}{3}$

V_{cc} 时,触发器复位,3 脚输出低电平,电路恢复稳态。

　　单稳态触发器特点包括:具备两个工作状态,即稳态和暂稳态;在外界触发脉冲作用下,能从稳态翻转到暂稳态,在暂稳态维持一段时间后,再自动返回稳态;暂稳态维持时间的长短取决于电路本身的参数,与触发脉冲的宽度、幅度无关,仅由电路本身的耦合元件 RC 决定,RC 被称为单稳态电路的定时元件。相关计算公式为:

$$t_w = RC\ln 3 = 1.1RC$$

　　上式中,R 为电阻值,C 为电容值。

　　第二部分是由 LED 发光管、红外线接收管和干簧管组成的光和磁传感器。光控、磁控电路比较简单,红外接收管或干簧管被触发的时候,将光信号、磁信号转变为电信号,使得 LM555 单稳态电路 2 脚由高电平跳变为低电平,触发器状态翻转,3 脚输出高电平,电动机开始工作,机器狗开始行走,同时行走的时间将延长到单稳态触发器的延时时间。若光信号、磁信号延续,使得光敏接收管和干簧管连续不断地受到光信号、磁信号的作用,则 IC1 的 2 脚会不断得到触发,且 3 脚持续输出高电平,这时该电路将一直驱动电机 M1 工作,机器狗会持续行走,直到光信号或磁信号消失为止。

　　第三部分是由麦克风以及 Q1、Q2 组成的声控触发器。声控电路比较复杂,当没有声音时,麦克呈高阻抗,Q1、Q2 均截止,Q2 的集电极为高电平,555 的 2 脚输入高电平,处于稳态,3 脚输出低电平,电机不工作。当有声音时,麦克电阻变得很小。此时,Q1 的基极导通,经过两级放大,555 的 2 脚输入从高电平跳变为低电平,状态翻转为暂稳态,2 脚输出高电平,电动机开始工作;同时 D2 被导通,将直接加到 Q3 的基极上,Q3 导通,Q2 被截止,IC1 的 2 脚输入由低电平跳为高电平。单稳态触发电路又处于稳态。

　　第四部分是 Q4、Q5 以及电机驱动电路。这部分电路完全由控制电路所控制,在接通的情况下驱动电机使机器狗行走和摇头。

　　图 8-15 为 EDA 实践高级任务(机器狗)示例电路仿真测试原理图。仿真过程中分别用开关 K1、K2、光耦合器模拟仿真声控、磁控和光控;灯泡代替电动机。每当按下其中一个开关时,灯泡即发光,一段时间后自动熄灭,相当于机器狗的"走-停"过程。可通过调整 C5、R6 各自数值的大小改变电动机工作时间的长短。

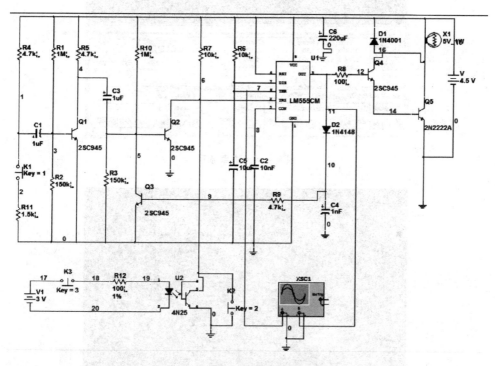

图 8-15　EDA 实践高级任务(机器狗)示例电路仿真测试原理图

　　用示波器观察 555 定时器芯片的 6 脚和 3 脚的波形,得到如图 8-16 所示的波形图(注:此图为 C5 为 1 μF 时得到的波形图)。这验证了单稳态的工作原理,即电源接通,若触发输入端施加触发信号 2 脚电压不大于 $\frac{1}{3}V_{cc}$,触发器发生翻转,电路进入暂稳态,3 脚输出为高电平,且图 8 - 14 中 T1 截止。此后电源通过电阻 R6 向电容 C5 充电,当 V_{c5} 上升到 $\frac{2}{3}V_{cc}$ 时,触发器复位,3 脚输出为低电平,T1 导通,电容 C2 放电,电路恢复至稳定状态。

图 8 - 17 为 EDA 实践高级(机器狗)任务示例 PCB 图。

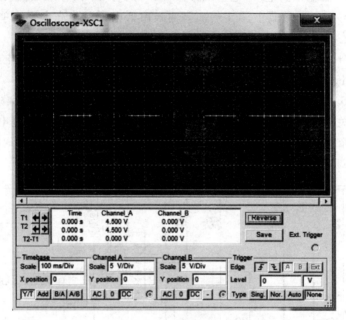

图 8 - 16 仿真波形

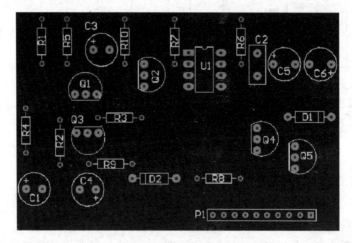

图 8 - 17 示例 PCB 图

(3) 元件清单

EDA 实践高级任务元件清单如表 8-5 所列。

表 8-5 元件清单

序 号	代 号	名 称	规格或型号	数 量	检 测
1	R1,R10	电阻	1 MΩ	2	
2	R2,R3	电阻	150 kΩ	2	
3	R4,R5,R9	电阻	4.7 kΩ	3	
4	R6,R7	电阻	10 kΩ	2	
5	R8	电阻	100 Ω	1	
6	C1,C3	电解电容	1 μF/10 V	2	
7	C2	瓷介电容	10 nF	1	
8	C4	电解电容	47 μF/10 V	1	
9	C5	电解电容	470 μF/10 V	1	
10	C6	电解电容	220 μF/10 V	1	
11	D1	二极管	1N4001	1	
12	D2	稳压二极管	1N4148	1	
13	Q1,Q3,Q4	三极管	9014(NPN)	3	
14	Q2	三极管	9014D(NPN)	1	
15	Q5	三极管	8050D(NPN)	1	
16	IC1	集成电路	555	1	
17	S1	声敏传感器	Sound Control	1	
18	S2	红外接收管	Infrared	1	
19	S3	磁敏传感器	Reed Switch	1	
20	JX	连接线	10 cm	8	
21		外壳(含电动机)		1	
22		线路板	82 mm×55 mm	1	

(4) 整机装配和调试

安装前对照清单核对元器件数量,焊接时一定要注意器件的参数和极性,不要装错,按照原理图及电路板标注的标识(如表 8-6 所列)进行焊接,注意先焊接电阻,再焊接芯片、电解电容、三极管等(从体积小的元件开始焊接,然后再焊接大的元件)。将元件全部采用卧式焊接,并注意二极管、三极管和电解电容的极性。

注意:电机不可拆! 在连线前,应将机壳拆开,避免烫伤及其他损害,并保存好机壳和螺钉。

表 8 - 6　电路标识和接线说明

名　称	代表字符	名　称	代表字符	名　称	代表字符
电机	M	麦克风(声控)	S	红外接收(光控)	I
电源	V	干簧管(磁控)	R		

① 电机接线处理:打开机壳,电机(黑色)已固定在机壳底部。将音乐片负极和电源负极连接线的电源一端焊下并接到电机负端,电机负端焊到印制板(M-);由印制板上的"电机+"(M+)引一根线 J1 到电机正端。

② 电源接线处理:由印制板上的"电源-"引一根线 J2 到电池负极。"电源+"(V+)与"电机+"(M+)相连,不用单独再接。

③ 磁控接线处理:由控制板上的"磁控+""磁控-"(R+、R-)引两根线 J3、J4,分别搭焊在干簧管(磁敏传感器)两腿,放在狗后部,应贴紧机壳,便于控制。干簧管没有极性。

④ 红外接收管(白色):由印制板上的"光控+""光控-"(I+、I-)引两根线 J5、J6 搭焊到红外接收管的两个管腿上,其中一条管腿套上热缩管,以免短路导致打开开关后一直走个不停。应注意的是,红外接收管的长腿应接在"I-"上。在狗机壳前面下部的壳上打一个 Φ5 的孔,将红外接收管固定。

⑤ 声控部分:屏蔽线两头脱线,一端分正、负(中间为正,外围为负)焊到印制板上的"S+""S-";另一端分别贴焊在麦克风(声敏传感器)的两个焊点上,但要注意极性,且因麦克风易损坏,焊接时间不要过长。焊接完成后将麦克风安装在狗前胸。

⑥ 通电前检查元器件焊接及连线是否有误,以免造成短路而烧毁电机发生危险;尤其要注意在装入电池前测量"电源-"(V-)、"电源+"(V+)间是否短路,并注意电池极性。

⑦ 静态工作点参考值如表 8 - 7 所列。

表 8 - 7　静态工作点参考值

代　号	型　号	静态参考电压		
		E	B	C
Q1	9014	0 V	0.5 V	4 V
Q2	9014D	0 V	0.6 V	3.6 V
Q3	9014	0 V	0.4 V	0.5 V
Q4	9014	0 V	0 V	4.5 V
Q5	8050	0 V	0 V	4.5 V
IC1	555	1:0 V	2:3.8 V	3:0 V
		4:4.5 V	5:3 V	6:0 V
		7:0 V	8:4.5 V	

⑧ 组装:简单测试完成后再组装机壳,注意螺钉不宜拧得过紧,以免塑料外壳损坏。组装好后,分别进行声控、光控、磁控测试,在各环节均有"走—停"过程即可认为是合格。

8.2.5　串行通信应用实例——Nano 串口电路

图 8-18 是 Nano 板的串口电路,其中 Tx 接 ATmega328P 的 31 脚,Rx 接 30 脚,经过 FT232RL 转换为 USB 接口。串口可以实现全双工通信,也就是收、发独立,双机都可以主动发送数据。用串口通信,需要双方约定使用一致的波特率、个数相等的数据位和停止位、相同的校验方式,比较常用的是"N,8,1",其含义是"不校验,8 个数据位,1 个停止位"。在这种情况下,每个字节通过串口发送,一共需要 10 位,其中包含 1 个开始位、8 个数据位和 1 个停止位,如图 8-19 所示。如果是 115 200 波特率,除以 10 后可知每秒传输 11 520 个字节,比特率就是每秒传输的位数,每秒字节数乘以 8,得到 92 160,可知比特率小于波特率。

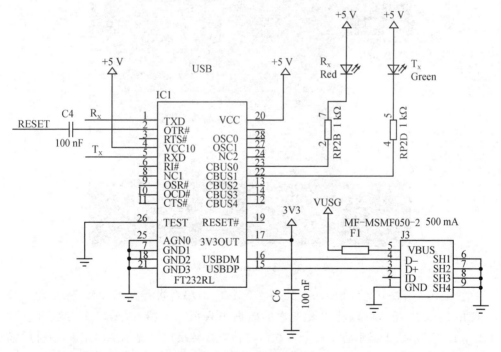

图 8-18　Nano 板的串口电路

Arduino 程序分为 setup 函数和 loop 函数两部分,setup 函数完成初始化,只运行一次,然后循环运行 loop 函数,所以周期性的任务放在 loop 函数中。

图 8-20 展示了 Arduino 集成开发环境。该图中对号图标"√"表示验证;右箭头图标"→"上传,点击后将编译后的文件发送到 Nano 板。在"工具"菜单下需要选

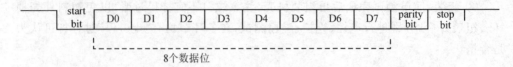

图 8 - 19　串口通信数据格式

择正确的开发板、处理器和端口。本实验用到的是 Nano 板,所以"开发板"选择的是 Arduino Nano,"处理器"选择的是 Atmega328P (Old Bootloader),"端口"可以根据设备管理器中的端口进行选择。在"工具"菜单下还有"串口监视器",单击后出现串口监视器,能显示收发 ASCII 字符,可以辅助调试个人计算机通过 USB 和 Nano 之间的串口通信和观察程序运行日志。创建与目录同名且后缀为 ino 的文件后,也可以在此目录下创建更多以 ino 和 h 等为后缀的文件,Arduino 编译时会自动确认这些文件之间的关系。

图 8 - 20　Arduino 集成开发环境

在 setup 函数中,使用 Serial. begin(115200)对串口进行初始化。Nano 发送数据使用 Serial. print,可以将需要发送的数据填入第一个参数,第二个参数可以是 HEX、DEC 等,用于指示将第一个参数以何种方式转换成可显示 ASCII 码字符后输出;如果第一个参数是单变量,此函数会按第二个参数将数据转为多个显示 ASCII 码字符发送出来,比如 Serial. print(0x38, HEX),会将 0x38 转换为 0x33('3')、0x38 ('8')两个字节进行发送。因为 print 是重载函数,所以可以接收不同类型的数据,比如第一个参数可以是浮点数,此时第二个参数是小数位数。如果不需要转换,直接发送,使用 write 方法即可。Serial 是使用 Serial_类来定义的,Serial_类继承于

Stream，Stream 继承于 Print 类。Nano 接收串口数据使用 read 方法，如果返回－1，代表没有收到数据，否则就是收到了数据。以下是串口的收发演示代码：

```
Serial.println(millis());              //以可显示 ASCII 字符方式打印系统时间
int nRead = Serial.read();
    if( - 1 != nRead){
        if('0' == nRead){              //接收数据是否是'0'
        Serial.println("Rec 0");
    }
}
```

如何将可显示 ASCII 码字符转换为数值？可以判断其是否在 '0'～'9' 范围内，如果是，减去 '0' 即是数值；如果是 16 进制，需要判断其是否在 'A'～'F' 范围内，如果是，减去 'A' 再加上 10 即可，并且为了严谨，还需要判断其是否在 'a'～'f' 范围内，如果是，减去 'a' 再加上 10 即可。

练习：

① 尝试编写一个双向收发字符的串行通信程序，将收到的字符返回给对方。

② 尝试编写一个接收使用多个可显示字符表示的数值，并将其转换成数值，比如收到"t＝3271\n"，将"3271"转换为数值 3 271。

8.2.6　模拟量转数字量应用实例——单片机读取模拟量电路

图 8-21 是 Nano 电路板读取可调电阻分压值的电路，可调电阻阻值不能选用太小的，这里选用的是 100 kΩ 的电阻。

模拟量是连续的，数字量是离散的，如果使用单片机读取模拟量，需要将其转换为数字量才可以。Nano 的 A0 到 A7 是可以作为模拟量输入引脚的。在 Arduino 的 setup 函数中，需要对这些引脚进行初始化。Nano 内置 1.1 V 参考电压，AD 转换器是 10 位，转换后的数值范围是 0～1 023。由于 Nano 的 A6 和 A7 既不能读取输入数字量，也不能输出数字量，所以为了充分利用单片机资源，可以将 A6 配置为输入，用于读取模拟量。setup 函数对模拟量引脚进行配置的代码如下：

```
void setup() {
    Serial.begin(115200);
    pinMode(20, INPUT);              //第一个参数是 20,也可以填写 A6,板上丝印 A6
}
```

使用 analogRead 函数读取引脚上的模拟量，需要通过计算将其转换成实际的物理量，在 loop 中的模拟量读取代码如下：

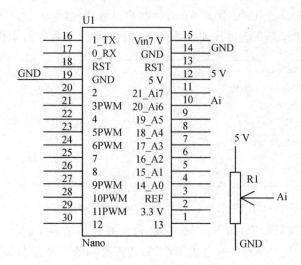

图 8 - 21　Nano 模拟量读取电路

```
void loop() {
    int nAD = analogRead(20);
    float f = nAD;
    f = f/1023.0 * 5.0;                //5.0是电源电压
    Serial.println(f);
}
```

在以上代码中,使用浮点数进行计算,可以减小转换误差。

练习:

① 调节可调电阻,观察串口打印电压值的变化,并使用电压表测量,进行对比记录。

② 多次读取模拟量取平均值的方法与直接读取获得模拟量的方法相比有什么优点?

8.2.7　使用"虚短"和"虚断"分析运算放大器电路实例——电压跟随器

图 8 - 22 为电压跟随器电路。运算放大器有正、负共两个输入端,一个输出端。输入端的输入电阻很大,输出端的输出电阻很小。如果是开环状态,输出 V_o 的值等于正输入端的电压值减去负输入端的电压值得到的差值乘以一个极大的倍数(开环增益), V_o 的极值受限于放大器的电源电压值。

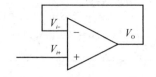

图 8 - 22　电压跟随器电路

电压跟随器电路类似于晶体管放大电路,在 NPN 晶体管导通时,其射极比基极低约 0.7 V,接近于相等。使用运算放大器实现图 8-22 所示的电压跟随器电路较为简单,如何分析这个电路? 可以使用运算放大器的"虚短"和"虚断"特性进行分析,"虚短"就是图 8-22 中的 V_{i-} 和 V_{i+} 的电位相等;"虚断"就是 V_{i-} 和 V_{i+} 无输入电流,是断路的。根据运算放大器"虚短"进行分析得到 $V_{i-} = V_{i+}$,而 V_{i-} 和 V_o 是短路的,所以 $V_{i-} = V_o$,在 V_{i+} 接输出信号,在 V_o 接输入信号,实现了输出信号电压等于输入信号电压,即 $V_{i+} = V_o$。

电压跟随器是一个基本电路,其特点是由于 V_{i+} 吸收很少的输入电流,所以其输入阻抗在理想情况下可以被认为是无穷大,对被采样电路的干扰很小,所以在被采样电路的某个采样点通常可以接入一个电压跟随器电路。电压跟随器电路的输出 V_o 没有连接电阻,所以其输出阻抗在理想情况下可以被认为是 0,也就是说该电路可以提供较大的输出电流。电压跟随器电路的输出等于输入,所以其放大倍数可以被认为是 1。由于电压跟随器电路具有这 3 个主要特点,所以经常用于多级放大电路的输入级和输出级,也可以用于连接两个电路,减少两个电路相互之间的影响,起到缓冲的作用。

练习:

改变电压跟随器电路的输入电压,测量其输出电压值以及输入和输出电压的差值。

8.2.8 使用复数对电路进行计算的实例——文氏电桥振荡电路

文氏电桥基本电路如图 8-23 所示,该电路可以产生一定频率的正弦波。

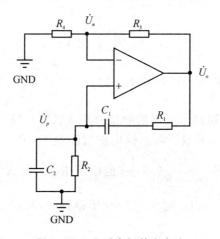

图 8-23 文氏电桥基本电路

为了分析这个电路,引入包含幅值和相位的相量 $\dot{U}_o$ 和 $\dot{U}_p$,电容 C_1 的容抗 X_c 等于 $\dfrac{1}{2\pi fC_1}$,其与 R_1 串联后的阻抗 Z_1 用复数表示为:

$$Z_1 = R_1 + \frac{-j}{2\pi fC_1}$$

在电路中使用 j 表示虚数单位,R_2 和 C_2 并联的阻抗 Z_2 用复数表示为:

$$Z_2 = \frac{-\dfrac{j}{2\pi fC_2}R_2}{-\dfrac{j}{2\pi fC_2}+R_2}$$

所以 $\dot{U}_o$ 和 $\dot{U}_p$ 的关系为:

$$\frac{\dot{U}_p}{\dot{U}_o} = \frac{Z_2}{Z_1+Z_2} = \frac{\dfrac{-\dfrac{j}{2\pi fC_2}R_2}{-\dfrac{j}{2\pi fC_2}+R_2}}{\dfrac{-\dfrac{j}{2\pi fC_2}R_2}{-\dfrac{j}{2\pi fC_2}+R_2}-\dfrac{j}{2\pi fC_1}+R_1}$$

化简后得到:

$$\frac{\dot{U}_p}{\dot{U}_o} = \frac{1}{1+\dfrac{C_2}{C_1}+\dfrac{R_1}{R_2}+2\pi fR_1C_2j-\dfrac{1}{2\pi fR_2C_1}j}$$

如果令 $2\pi fR_1C_2j = \dfrac{1}{2\pi fR_2C_1}j$,计算得:

$$f = \frac{1}{2\pi\sqrt{R_1C_1R_2C_2}}$$

如果令 $R_1=R_2$、$C_1=C_2$,则得到 $f=\dfrac{1}{2\pi R_1C_1}$,$\dfrac{\dot{U}_p}{\dot{U}_o}=\dfrac{1}{3}$,表示此频率的交流量经过这个电路没有相移或相移为交流量的整周期倍,$\dot{U}_o$ 的幅值是 $\dot{U}_p$ 的 3 倍,计算所得的频率即为文氏电桥运算放大器的输出正弦波频率。为了使运算放大器的正、负输入引脚电压接近相等,$\dfrac{R_4}{R_3+R_4}\approx\dfrac{1}{3}$,也就是 R_3 约是 R_4 的 2 倍,输出波形如图 8-24 所示。由于 $\dot{U}_n$ 是 $\dot{U}_o$ 经过电阻分压得到的,所以它们之间的相位是相同的,只有幅值不同,

$$\dot{U}_p-\dot{U}_n = \left(\frac{1}{3}-\frac{R_4}{R_3+R_4}\right)\dot{U}_o$$

可见放大器的正、负输入端的电压差是输出的 $\dfrac{1}{3}-\dfrac{R_4}{R_4+R_3}$ 倍,经过放大器放大后,如果其输出和被采样的原始值(不是放大器输入端的采样值)相等,并且没有相位差,就可以保持等幅振荡。可以让 R_4 并联一个大电阻,或者 R_3 串联一个小电阻,使其倍数略微大于 2 即可实现文氏电桥振荡。也有一种方法是 R_3 阻值大于 R_4 的 2 倍,在 R_3 两端并联正、反二极管和电阻,当未起振时,二极管不导通,R_3 起作用,R_4 分压比例较小;当输出电压正值或负值的绝对值较大时,正、反二极管分别导通,此时 R_3 与其并联的电阻一起起作用,R_4 分压比例增大,不至于输出的正弦波出现顶部饱和失真。还有一种方法是正、反二极管和一个电阻并联之后和 R_3 串联,实现未起振时二极管不导通,R_4 分压比例较小,起振后二极管导通,并联的电阻不起作用,R_4 分压比例增大,防止出现如图 8-25 所示的正负波形削顶现象。在文氏电桥振荡基本电路中,如果减小 R_4 的阻值,输出就会变得近似方波,其波谷是负值。

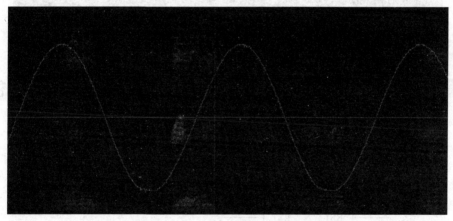

图 8-24 $\dfrac{R_3}{R_4}\approx 2$ 的文氏电桥输出的正弦波波形

相较于 LC 振荡电路,由于文氏电桥振荡电路没有使用电感,所以其体积可以做得非常小,振荡较稳定,波形良好,而且振荡频率可以在较宽的范围内能实现连续调节。

练习:

① 改变 R_1、R_2 的值,观察文氏电桥输出频率的变化。

② 用单片机模拟数字转换器的模拟输入引脚读取文氏电桥的输出信号,并评估其频率和幅值。

③ 设计一个输出频率为 1 kHz 正弦波的文氏电桥振荡电路,按理想情况计算 R_1、R_2、R_3、R_4、C_1、C_2 的值。

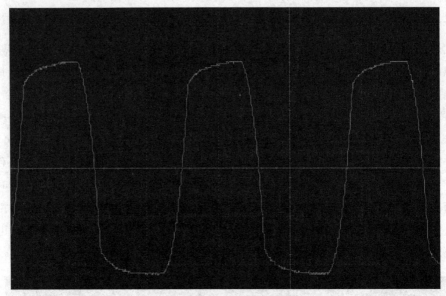

图 8 - 25　$\dfrac{R_3}{R_4} \gg 2$ 的文氏电桥输出波形

8.2.9　脉冲宽度调制控制应用实例——真彩色 LED 灯电路

图 8 - 26 是 Nano 用 PWM 引脚控制一个三色 LED 灯的电路。

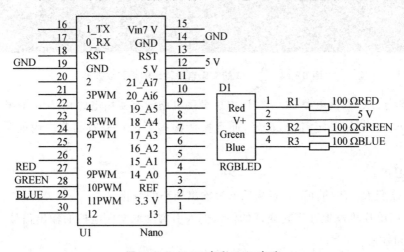

图 8 - 26　RGB 真彩 LED 电路

　　Nano 并非所有引脚都能输出 PWM,板上丝印 D3、D5、D6、D9、D10、D11 共 6 个引脚可以输出 PWM。红、绿、蓝三色共阳极 LED 灯的第 2 脚(长脚)是阳极,第 1 脚是红色 LED 灯的阴极,第 3 脚是绿色 LED 灯的阴极,第 4 脚是蓝色 LED 灯的阴极。占空比是指在一个脉冲循环内,通电时间(高电平时间)相对于总时间所占的比例,可以用 η 表示。通过 Arduino 输出占空比可变的方波,控制不同颜色灯的亮度,从而可以实现真彩显示的效果。图 8-26 中,Nano 板丝印为 D9 引脚控制红色,D10 引脚控制绿色,D11 引脚控制蓝色。analogWrite 是 Arduino 的 PWM 控制输出函数,在默认条件下,Nano 的 PWM 输出是频率为 488 Hz 的方波。analogWrite 函数为两参数函数,该函数的第一个参数是引脚数字编号;第二个参数是 x,其含义是分母为 255 的占空比值,当该参数为 0 时,输出低电平,LED 灯最亮,当该参数为 255 时,输出高电平,灯灭,所以可以得出如下计算占空比的表达式:

$$\eta = \frac{x}{255} \times 100\%$$

上式中,η 代表占空比。如果 x 取 55,代表高电平时间约占整个周期的 21.6%,低电平时间约占整个周期的 78.4%。由于 LED 是共阳极,在一个周期内,低电平的时间越长,灯越亮。analogWrite 函数执行之后需要延时一下。以下是让 LED 灯的蓝色部分连续变化的代码:

```
for(iB = 0;iB < 255;iB ++){
    analogWrite(11,iB);
    delay(10);
}
```

练习:

在不修改程序的情况下,如何调整电路能让灯的亮度比原来的更亮或者更暗?

8.2.10　I^2C 协议总线应用实例——FM24C04 存储芯片电路

I^2C 是 Inter-Integrated Circuit 的缩写,是两线式串行总线,通信方式是半双工,使用 SCL 和 SDA 完成数据收发,二者都需要连接上拉电阻。I^2C 总线的目的是使用较少的 I/O 实现主、从机之间的通信,主机需要主动操作总线,从机被动做出响应。

FM24C04 是一个使用 I^2C 协议的存储芯片,本实验通过操作此芯片实现对数据的存储和读取,并能使学生熟悉 I^2C 协议。

图 8-27 是 FM24C04 存储芯片电路,从图中可以看出 I^2C 协议的电路比较简单,将 SCL 和 SDA 连接上拉电阻即可。

在 Arduino 的初始化 setup 函数内,需要将连接 FM24C04 的 SDA 和 SCL 的 I/O 引脚设置为输出:

```
pinMode(SCL, OUTPUT);
pinMode(SDA, OUTPUT);
```

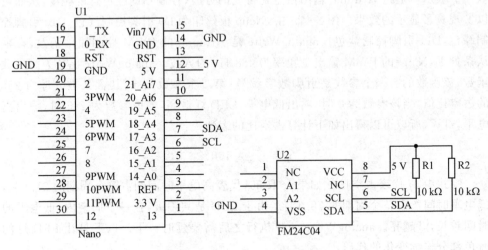

图 8 - 27　　FM24C04 存储芯片电路

当 SCL 保持高电平,SDA 出现下降沿时,表示 I²C 协议开始了;当 SCL 保持高电平,SDA 出现上升沿时,表示 I²C 协议结束了,代码如下:

```
void IIC_Start(void ){                        //先开始一个 Stop 时序
    delayMicroseconds(IIC_PULSE_DELAY_TIME);
    IIC_SDA_O_H1;
    delayMicroseconds(IIC_PULSE_DELAY_TIME);
    IIC_SCL_O_H1;
    delayMicroseconds(IIC_PULSE_DELAY_TIME);
    //IIC 启动时序
    IIC_SDA_O_L0;
    delayMicroseconds(IIC_PULSE_DELAY_TIME);
    IIC_SCL_O_L0;
}
void IIC_Stop(void ){                         //为了有效地降低
    delayMicroseconds(IIC_PULSE_DELAY_TIME);
    IIC_SCL_O_L0;
    delayMicroseconds(IIC_PULSE_DELAY_TIME);
    IIC_SDA_O_L0;
    //IIC 停止时序
    delayMicroseconds(IIC_PULSE_DELAY_TIME);
    IIC_SCL_O_H1;
    delayMicroseconds(IIC_PULSE_DELAY_TIME);
    IIC_SDA_O_H1;
}
```

当 SCL 是低电平时,SDA 进行改变;当 SCL 是高电平时,接收方确认对方所发送 SDA 的 0、1 状态。1 个字节的 8 位数据中最先发送的是最高位,最后发送的是最低位。

SCL 频率不能超过 400 kHz,所以需要在连续两个 SCL 和 SDA 操作中间插入延时。主机连续发出 8 个时钟后要如何确认从机接收到了数据? 如果此时从机返回一个低电平的确认,主机就可以继续操作 I²C 总线了。需要注意的是,在主机发出第九个时钟之前,需要将连接 SDA 的引脚设为输入,图 8 - 28 为确认时序图,代码如下:

```
unsigned int IIC_SlaveACK(void){
    IIC_SDA_SETINPUT;
    delayMicroseconds(IIC_PULSE_DELAY_TIME);
    IIC_SCL_O_H1;
    delayMicroseconds(IIC_WAVE_DELAY_TIME);
    if(IIC_SDA_I == 0){
        delayMicroseconds(IIC_WAVE_DELAY_TIME);
        IIC_SCL_O_L0;
        delayMicroseconds(IIC_PULSE_DELAY_TIME);
        IIC_SDA_SETOUTPUT;
        return 1;
    }else{
        IIC_SDA_SETOUTPUT;
        return 0;
    }
}
```

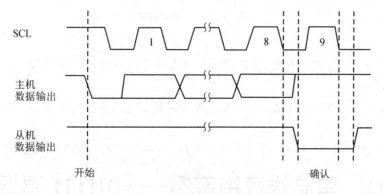

图 8 - 28　I²C 确认时序

FM24C04 的页写时序如图 8 - 29 所示,图中的 SLAVE ADDRESS 共有 8 位,按发送的先后顺序分别是 1、0、1、0、A2、A1、Page Block Address、读写位。SLAVE ADDRESS 的 1、0、1、0 是设备类型标识;A2 和 A1 是芯片相关输入引脚的电平状态;Page Block Address 是高 256 字节地址选择位;读写位是 1 时代表"读",是 0 时代表"写",图 8 - 29 中是主机写操作,所以此位是 0。主机发出 SLAVE ADDRESS 后,需要等待从机的确认,如果从机没有确认,则此次操作失败。WORD ADDRESS 是芯片内部的数据地址,共有 8 位,结合 SLAVE ADDRESS 的 Page Block Address 作为高位,组成一共 9 位的地址,可以在 512 字节范围内寻址,也就是芯片的存储容量。WORD ADDRESS 后面可以跟随多个数据字节。

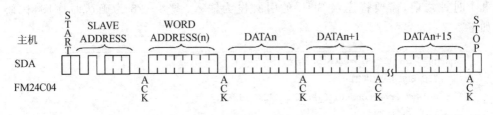

图 8 - 29　页写时序图

随机读时序如图 8 - 30 所示,主机发送 SLAVE ADDRESS 和 WORD AD-DRESS 完毕后,需要再次发送 START 时序,接着再次发送 SLAVE ADDRESS,然后等待从机发送数据,如果主机不进行字节确认(主机对 SDA 输出高电平),从机则停止发送数据,主机再发送 STOP 时序结束操作。

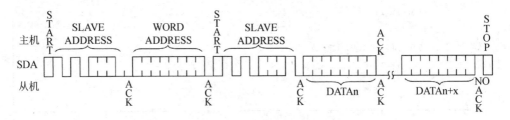

图 8 - 30　随机读时序

练习:

① 使用串口连接计算机,接收计算机命令和发送结果,完成对 FM24C04 某地址数据的读和写。

② 如何确认读取的 FM24C04 某地址的数据是之前主动写入的还是芯片内部原有的?

③ 如何使用两个 FM24C04 芯片完成对 1 024 字节范围的数据读/写?

8.2.11　单总线应用实例——DHT11 温湿度传感器电路

DHT11 的电路非常简单,如图 8 - 31 所示,在 SDA 引脚接一个 4.7 kΩ 的电阻,在 MCU 引脚和 DHT11 的 SDA 引脚之间串联一个 10 Ω 电阻是为了对引脚进行电气保护。

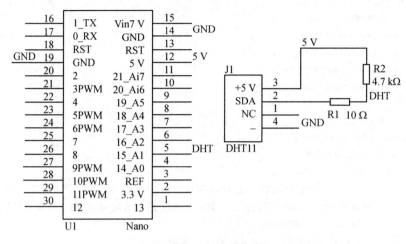

图 8 - 31　DHT11 电路

单总线只使用一个引脚完成数据的收发,所以是最节约单片机 I/O 的工作方式,其特点是 I/O 数量少,总线工作时间长。图 8 - 32 是 DHT11 输出 0、1 的时序图,从图中可知,DHT11 先输出 50~58 μs 的低电平,随后如果输出的是 23~27 μs 的高电平,代表其输出的是数字 0;如果随后输出的是 68~74 μs 的高电平,代表其输出的是数字 1。主机为了读取 DHT11 的数据,应该先发送一段大于 18 ms 的低电平,然后将其拉高,等待 30 μs 后,将引脚设置为输入,等待 DHT11 发送一段约 80 μs 的低电平和随后一段约 87 μs 的高电平,DHT11 随之开始按照图 8 - 32 的时序发送数据位,包含 5 个字节,也就是 40 个连续的低、高电平变化。每个字节是高位在前,低位在后,第一个字节是湿度的高 8 位,代表小数点之前的数据;第二个字节是湿度的低 8 位,代表小数点之后的数据;第三个字节是温度小数点之前的数据;第四个字节最高位(位 7)是 1,代表温度是负数,是 0,则代表温度是正数,余下的 7 位代表温度的小数数据;第五个字节是校验位,其值是前面 4 个字节不进位加法之和。比如这 5 个字节分别是 0x34、0x01、0x18、0x8C、0xD9,代表湿度是 52.1%,温度是 -24.12 ℃。校验字节可以检测出单片机在读取数据时是否有错误,如果允许,在读取温度和湿度数值时最好关闭所有的中断。

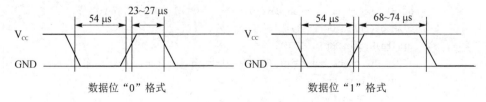

图 8 - 32　DHT11 输出 0、1 时序图

读取 DHT11 的代码如下：

```
struct t_HT{
    unsigned char humi_int;
    unsigned char humi_deci;
    unsigned char temp_int;
    unsigned char temp_deci;
    unsigned char check_sum;
};
struct t_HT gs_HT;
unsigned char read_data(){
    unsigned char data = 0;
    for(inti = 0; i<8; i++){
        while(digitalRead(DHpin) == LOW);        //等待 50 μs
        delayMicroseconds(38);        //判断高电平的持续时间,以判定数据是'0'还是'1'
        if(digitalRead(DHpin) == HIGH){
            while(digitalRead(DHpin) == HIGH);
            data |= (1<<(7-i));                //高位在前,低位在后
        }
    }
    return data;
}
int start_test(){
    pinMode(DHpin,OUTPUT);
    digitalWrite(DHpin,LOW);                        //拉低总线,发开始信号
    delay(19);                      //延时要大于 18 ms,以便 DHT11 能检测到开始信号
    digitalWrite(DHpin,HIGH);
    delayMicroseconds(30);                        //等待 DHT11 响应
    pinMode(DHpin,INPUT);
    if(digitalRead(DHpin) == LOW){
        while(digitalRead(DHpin) == LOW){;}  //DHT11 输出低电平
        while(digitalRead(DHpin) == HIGH){;} //DHT11 输出高电平
        gs_HT.humi_int = read_data();        //DHT11 输出第一个字节
        gs_HT.humi_deci = read_data();        //DHT11 输出第二个字节
        gs_HT.temp_int = read_data();        //DHT11 输出第三个字节
        gs_HT.temp_deci = read_data();        //DHT11 输出第四个字节
        gs_HT.check_sum = read_data();        //DHT11 输出第五个字节
        pinMode(DHpin,OUTPUT);
        digitalWrite(DHpin,HIGH);
        if (gs_HT.check_sum == gs_HT.humi_int + gs_HT.humi_deci + gs_HT.temp_int +
            gs_HT.temp_deci){
                return 1;
```

```
      }
      Serial.println("check sum error");
      return 0;
   }else{
      return 0;
   }
}
```

练习：

① 与 I^2C 协议相比，单总线协议有什么优、缺点？

② 用湿纸巾、肢体接触传感器表面，观察其值有什么变化。

③ 主机发送一段大于 18 ms 的低电平后，为什么要发送一段高电平？

8.2.12　方波脉冲宽度测量方法——超声波电路

图 8-33 是 HC-SR04 超声波模块和 Nano 连接的电路图，Trig 是触发引脚，Echo 是返回检测引脚。

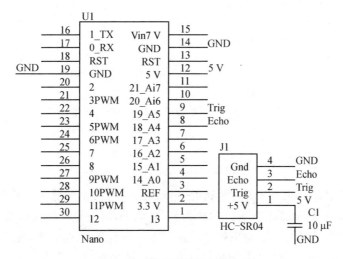

图 8-33　超声波测量距离电路

Nano 测量距离的时序如图 8-34 所示，Trig 发出一个宽度为 10 μs 的高电平，然后等待 Echo 返回一个高电平的脉冲，据此计算出超声波探测到的距离，计算公式如下：

$$s = 170t$$

上式中，t 是接收的返回高电平时间宽度，s 是被计算出来的距离，声波的传播速度取 340 m/s，因为超声波的发射和返回的总路程是待探测距离的 2 倍，所以还要除以 2。

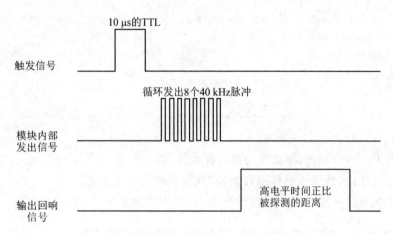

图 8-34　超声波信号时序图

以下是 Arduino 的代码：

```
digital Write(DTrigPin,LOW);
delay Microseconds(2);
digital Write(DTrigPin,HIGH);
delay Microseconds(10);
digital Write(DTrigPin,LOW);
cm = pulseIn(DEchoPin,HIGH);      //返回高电平脉冲的维持时间,单位为微秒
double f = cm;                    //double 的目的是使计算精度高
f = (f * 170.0f/1000000.0f);
f * = 100.0f;                     //距离单位由米转换为厘米
Serial.print("Dis = ");
Serial.print(f);
Serial.println("cm");
```

在该代码中,pulseIn 返回测量到的以微秒(μs)为单位的脉冲宽度时间值,第一个参数是引脚编号,第二个参数是脉冲的高、低电平,第三个参数默认是 1 000 000L,也就是超时等待时间为 1 s,避免程序一直在等待而不返回,这个参数也可以填写其他值。因为需要将单位为微秒的数值换算成单位为秒的数值,所以除以 1 000 000.0f。如果需要将米换算成厘米,需要乘以 100.0f。连续两次测量之间最好间隔 60 ms 以上,避免互相之间产生干扰。

练习：

使用 HC - SR04 超声波模块获取探测到的距离数据,用尺子测量一下,对比两者误差。

8.2.13 工频脉冲输出应用——舵机控制电路

图 8-35 为舵机控制电路。

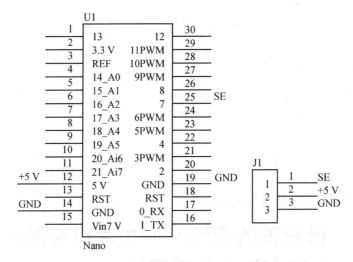

图 8-35 舵机控制电路

Nano 的 I/O 可以直接控制舵机,舵机的电源最好使用独立 5 V 供电。MG90S 舵机一共有 3 条连接线:黄色的是信号线,颜色较深的棕色连接线是地线,红色的是 5 V 电源线。舵机受到与工频交流电周期相同的 20 ms 方波的控制,占空比决定舵机的旋转角度,高电平时间为 0.5 ms 时,舵机转轴转动到 0°位置;高电平时间 2.5 ms 时,舵机转轴转动到 180°位置;高电平的时间和舵机转轴角度之间有线性关系,公式如下:

$$\frac{1}{90}\theta + 0.5 = t$$

或者:

$$90t - 45 = \theta$$

上式中,θ 是角度,单位是度(°);t 是时间,单位是毫秒(ms)。

初始化舵机控制 I/O 为输出,并输出低电平,代码如下:

```
pinMode(D_DJ_IO, OUTPUT);
digitalWrite(D_DJ_IO,LOW);
```

舵机控制的 Arduino 代码如下:

```
void Steering Engine_Run(signed long ulAngleDegree){
    if(ulAngleDegree> = 0&&ulAngleDegree< = 180){
        unsigned long ulDlyuS = ulAngleDegree * 100/9 + 500;
```

```
    int i;
    for(i = 0;i<50;i++){
        digital Write(D_DJ_IO,HIGH);
        delay Microseconds(ulDlyuS);
        digital Write(D_DJ_IO,LOW);
        delay Microseconds(20000UL - ulDlyuS);
    }
    Serial.print("H:");
    Serial.print(ulDlyuS);
    Serial.print("L:");
    Serial.print(20000UL - ulDlyuS);
    }
}
```

练习：

编写串口控制舵机转动角度的代码。

8.2.14　译码器的应用——单片机控制的 8 行 8 列点阵显示器电路

译码器是将输入的二进制组合数据转换为只有一个引脚输出有效电平的芯片，74HC138 是常用的三八译码器芯片，具有将输入的 000～111 三位二进制数据转换为相应的引脚输出低电平、其余为高电平的功能。138 芯片应用广泛，常用于显示、存储等电路中。

单片机使用的是 Arduino 的 Nano 板，其通过三八译码器芯片 74HC138 控制 8 行 8 列点阵显示器的列选通，通过 74HC245 总线收发器控制显示器一列上 8 个显示灯的亮灭，维持一段时间后，切换到下一列，控制其 8 个灯的显示，循环工作起来，利用人眼的视觉滞留效应，显示出 8 行 8 列共 64 个点的亮灭情况。单片机控制的 8 行 8 列点阵显示器电路如图 8 - 36 所示。由于 8 行 8 列显示器可以显示多种图案，所以其应用较为广泛，比较常见的应用是使用 4 块 8×8 点阵显示器拼接成 16×16 点阵，用于显示汉字等符号。

8 行 8 列点阵显示器内部结构如图 8 - 37 所示，当某一列引脚是低电平时，如果某行信号是高电平，此行和此列交叉点的发光二极管点亮；如果某行是低电平，此行和此列交叉点的发光二极管熄灭。当某一列引脚是高电平时，由于此列连接的是发光二极管的阴极，所以此列不发光。

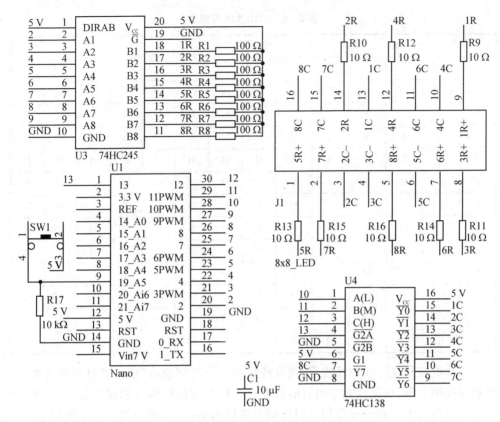

图 8 - 36 单片机控制的 8 行 8 列点阵显示器电路

表 8 - 8 是 74HC138 芯片的真值表，在该表中，当 $\overline{G2A}$ 或 $\overline{G2B}$ 输入为高或 G1 输入为低（逻辑 1）时，$\overline{Y0}$ 到 $\overline{Y7}$ 引脚输出都为高；当 $\overline{G2A}$ 和 $\overline{G2B}$ 输入为低，G1 输入为高时，C、B、A 的组合决定 $\overline{Y0}$ 到 $\overline{Y7}$ 引脚输出电平：当 C、B、A 输入为"000"时，$\overline{Y0}$ 输出低，其他输出高……当 C、B、A 输入为"111"时，$\overline{Y7}$ 输出低，其他输出高，即最多只有一个输出为低。利用 74HC138 芯片的这个特点，输出只有一个引脚为低电平，其所连接的点阵显示器相应列的发光二极管阴极为低电平，可以点亮；输出全为高时，所有列都不会点亮，实现消隐的效果。

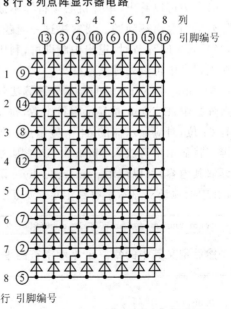

图 8 - 37 8 行 8 列显示器内部结构图

表 8 - 8　74HC138 真值表

| 输　入 | | | | | | 输　出 | | | | | | | |
| 允许 | | | 选择 | | | | | | | | | | |
$\overline{G2B}$	$\overline{G2A}$	G1	C	B	A	$\overline{Y0}$	$\overline{Y1}$	$\overline{Y2}$	$\overline{Y3}$	$\overline{Y4}$	$\overline{Y5}$	$\overline{Y6}$	$\overline{Y7}$
X	X	L	X	X	X	H	H	H	H	H	H	H	H
X	H	X	X	X	X	H	H	H	H	H	H	H	H
H	X	X	X	X	X	H	H	H	H	H	H	H	H
L	L	H	L	L	L	L	H	H	H	H	H	H	H
L	L	H	L	L	H	H	L	H	H	H	H	H	H
L	L	H	L	H	L	H	H	L	H	H	H	H	H
L	L	H	L	H	H	H	H	H	L	H	H	H	H
L	L	H	H	L	L	H	H	H	H	L	H	H	H
L	L	H	H	L	H	H	H	H	H	H	L	H	H
L	L	H	H	H	L	H	H	H	H	H	H	L	H
L	L	H	H	H	H	H	H	H	H	H	H	H	L

　　单片机控制点阵屏的算法是：读取待显示的点阵信息，解析出其每列点阵数据，然后点亮第一列，根据此列中每行的数据 0、1 在相应的引脚分别输出低、高电平，延时，消隐，点亮下一列……直到 8 列数据全部输出后，再从第一列开始重复显示。从这个时序中可以看出，单片机必须持续不断地输出控制，如果处理其他任务，显示器点阵显示则会出现问题。要解决这一问题，可以把列显示任务放在等间隔定时中断中，当进入延时环节时，退出中断即可，利用等间隔定时中断的特点实现延时效果，并且在主程序中可以处理其他任务。

　　Arduino 中 Nano 板的显示处理算法代码应如何编写？首先需要定义显示字符的点阵数组，D_Num 是显示字符个数，每个 char 型数据有 8 位，8 个 char 型数据则共有 64 位，对应显示器的 64 个显示点。如果显示字符太多，可以使用 PROGMEM 关键字将显示字符放入 Flash 中，这是因为单片机的 Flash 容量比 SRAM 大，如果需要读取其内容，可以使用 pgm_read_byte 函数，此函数的输入参数是待读取的变量在 Flash 中的地址。显示字符数组定义如下：

```
const unsigned char PROGMEM guc8x8Dot[2][8]
```

　　然后定义其中的每一个显示字符的平面点阵数据，其中一个定义如下：

```
{
0x00,//_ _ _ _ _ _ _ _
0x60,//_ * * _ _ _ _ _
```

```
0x92,// * _ _ * _ _ * _
0x92,// * _ _ * _ _ * _
0x92,// * _ _ * _ _ * _
0x7C,//_ * * * * * _ _
0x80,// * _ _ _ _ _ _
0x40,//_ * _ _ _ _ _
},
```

扫描显示算法代码如下：

```
for(iC = 0;iC<8;iC++){
    int jL;
    int k;
    for(k = 0;k<8;k++){                //消隐,避免拖影
        digitalWrite(gnRowPin[k], LOW);
    }
    _74HC138_En(0);
    _74HC138(iC);
    //读取 Flash 中的数据到 SRAM 中
    unsigned charucD = pgm_read_byte(&guc8x8Dot[gucDispIndex][iC]);
    //在相应的引脚上输出 iC 列中每行的点阵信息
    for(jL = 0;jL<8;jL++){
        if(ucD & bit(jL)){
        //iL(0~7,0 对应点阵显示器管教的 1 行引脚)行输出高电平
            digitalWrite(gnRowPin[jL], HIGH);
        }else{
        //iL(0~7,0 对应点阵显示器管教的 1 行引脚)行输出低电平
            digitalWrite(gnRowPin[jL], LOW);
        }
    }
    delay(2);                          //延时
}
```

练习：

① 修改代码,实现字符点阵按照 90°、180°、270°进行旋转显示的功能。

② 修改代码,实现字符点阵左右、上下镜像显示的功能。

③ 使用中断完成扫描显示点阵任务。

8.2.15 串行时序转并行输出的应用——4 位 8 段数码管电路

74HC164 是一个串行输入、8 位并行输出的移位寄存器,可以实现扩展单片机

输出引脚的功能。74HC164 的 A、B 是输入数据引脚,Clock 是输入时钟引脚,在时钟的上升沿,QG 传输到 QH,依此类推,A、B 输入数据传输到 QA。A、B 输入信号逻辑"与"之后传输到芯片内部,所以如果任意其一是低电平,芯片的输入信号就是逻辑"0",通常为了简化逻辑,将 A、B 引脚短接在一起作为一个引脚使用。如果是 8 个上升沿时钟信号,A、B 依次输入位 7～位 0,共 8 个 0、1 数据,QA 会从位 7 变到位 6,然后再变到位 5……最后变为位 0,可见其输出的状态在串行输入时,会变化 8 次,最后的状态是操作中所希望得到的,其他 7 次变化是中间暂态,不是操作中所希望的,如果这个引脚所连接的发光元件的阴极电压变化 8 次,会出现闪烁效果,同理,QB 到 QH 每个引脚也会变化 8 次,结合电路和程序,将解决这个问题。

   4 位 8 段数码管显示电路(图 8-38)中所用到的是共阳极型数码管 74HC164,真值表和表 8-9 所列。当第一个数码管的阳极是高电平,其余 3 个数码管阴极是低电平时,在 A～G 和 DP 输入引脚上接收输入电平,低电平使得第一个数码管相应的显示部分点亮,高电平则熄灭,其余 3 个数码管显示情况同理类推。选用 74HC139 对

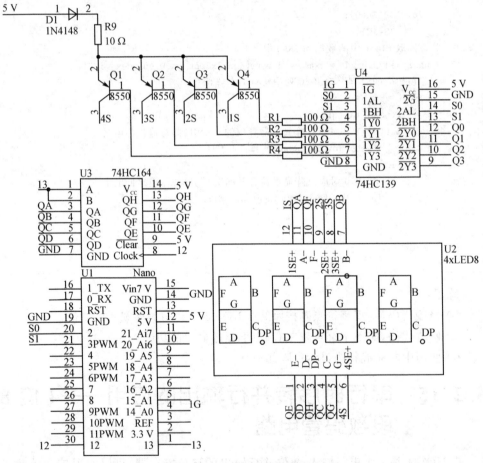

图 8-38 4 位 8 段数码管电路

数码管进行位选,其 $\overline{1G}$ 输入信号为高电平,则 $\overline{1Y0}\sim\overline{1Y3}$ 引脚全部输出高电平,此时可以对 74HC164 进行 8 位串行输入。因为数码管不亮,所以解决了在串行输入时 QA~QH 输出引脚一直在变化导致显示紊乱的现象。

表 8 - 9　74HC164 真值表

输　　入				输　　出			
$\overline{\text{Clear}}$	Clock	A	B	QA	QB	……	QH
L	X	X	X	L	L	……	L
H	下降沿	X	X	QA0	QB0	……	QH0
H	上升沿	L	X	L	QAn	……	QGn
H	上升沿	X	L	L	QAn	……	QGn
H	上升沿	H	H	H	QAn	……	QGn

　　如何设计 Nano 的 Arduino 程序？首先要设计数码管的字符点阵显示数组,其所显示的字符为 '0'~'9'、'A'~'F',定义为"const unsigned char PROGMEM gucLattice[16]",其值分别为 0xC0、0xF9、0xA4、0xB0、0x99、0x92、0x82、0xF8、0x80、0x90、0x88、0x83、0xA7、0xA1、0x86、0x8E。数组的第一个元素是字符 '0' 的显示码;数值定义为 0xC0;二进制形式是 0b11000000;这个数值中的相应位如果为 0,则此段显示,为 1,则此段不显示;最低位位 0 对应 8 段数码管的 A 段,最高位位 7 对应小数点 DP 段,所以此值在 A 段~F 段都显示,在 G 段不显示,显示效果就是数字 0。

　　如何编写程序实现显示？首先显示第一个数码管,然后显示第二个、第三个、第四个数码管,再循环回来显示第一个数码管……可以把显示程序设计成 4 次循环,在循环中每次显示一个数码管。代码如下:

```
for(i = 0;i<4;i++){
    unsigned char ucD = 0;
    digitalWrite(_139_1G,HIGH);              //禁止数码管显示,避免显示出现紊乱
    _139_Address(i);                         //选中一个数码管
    if((gucDispBuff[i]&0x07f)<='9'){         //'0'~'9' 的字符显示
    ucD = (gucDispBuff[i]&0x07f)-'0'+0;
    }else if((gucDispBuff[i]&0x07f)>='a'){   //'A'~'F' 的字符显示
    ucD = (gucDispBuff[i]&0x07f)-'a'+10;
    }else if((gucDispBuff[i]&0x07f)>='A'){   //'A'~'F' 的字符显示
    ucD = (gucDispBuff[i]&0x07f)-'A'+10;
    }
    if(gucDispBuff[i]&bit(7)){
        _164(gucLattice[ucD]&(~bit(7)));     //小数点位置是位 7,0 点亮,1 熄灭
    }else{
        _164(gucLattice[ucD]);               //不显示小数点,只显示字符点阵
    }
```

```
digitalWrite(_139_1G,LOW);          //为数码管阳极提供高电平,允许其显示
    delay(3);                        //利用人眼的视觉滞留效应,显示出字符图形
}
```

练习:

① 在定时中断中完成对 4 位数码管的扫描显示。

② 用哪种 74 系列芯片替换 74HC164 效果更好?

③ 如果是 4 位共阴极型数码管,应该如何对电路做最小修改? 应该如何对程序做最小修改?

8.2.16　使用中断完成周期性任务的设计方案——4×4 矩阵键盘电路

为了节约 I/O 引脚,通常将键盘做成行列矩阵的形式,比如 16 个按键按照 4 行 4 列的矩阵设计,总共需要 8 个引脚即可。图 8-39 为 4×4 矩阵键盘电路图。

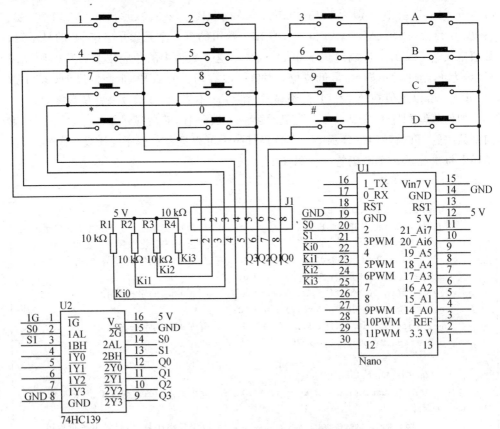

图 8-39　4×4 矩阵键盘电路图

相比于在主循环中编写周期性任务程序，如果在等间隔定时中断中完成此任务，可以获得一个非常稳定的效果。对于中断程序有一些需要注意的问题，比如不能长时间延时，某些情况必须禁止中断的产生。如果在定时中断中完成矩阵键盘读取，用户的输入体验效果会非常好，也不影响主程序的运行。

定时器等间隔中断的间隔设计成 1 ms，Nano 板中 MCU 的晶振频率是 16 MHz，需要对 Nano 板上单片机 ATmega328P 的相关寄存器进行设置，设置定时器的工作模式是 CTC，250 次定时器输入时钟产生一次中断，晶振经过 64 分频后提供给定时器，即 $\dfrac{16\,000\,000}{64\times250}$，计算后得到定时器每秒产生 1 000 次中断，每两个连续定时中断之间的间隔是 1 ms，定时器初始化代码如下：

```
cli();
TCCR2A = 0;
TCCR2B = 0;
TCNT2  = 0;
OCR2A  = 249;                //每 250 个定时器内部计数值产生一次中断
TCCR2A | = bit(WGM21);      //定时器是 CTC 工作模式，计数值和 OCR2A 相等产生一次中断
TCCR2B | = bit(CS22);       //系统时钟 16 MHz，每 64 个时钟提供给定时器一个输入时钟
TIMSK2 | = bit(OCIE2A);
sei();
```

为了减少中断中程序运行的总时间，可以在每次中断中控制 74HC139，使其只有一个引脚输出低电平，即矩阵键盘每次中断只有一列为低电平，其余为高电平。再读取 4 行输入，如果此行和此列的连接按键开关没有按下，由于有上拉电阻，此行输出高电平；如果按键按下，此行输出低电平。中断中读取矩阵键盘的代码如下：

```
gulC ++ ;
for(j = 0;j<4;j ++ ){
    gucKeyStates[gulC % 4][j] = digitalRead(gucKeyin[j]);
}
_139_Address((gulC + 1) % 4);
```

键盘读取代码最后一行的作用是选中下一列，在下一个中断中读取此列的 4 行输入，这样设计是为了在列输出低电平和行读取之间插入一个 1 ms 的延时。在第一个中断产生前的 setup 初始化代码中也需要插入通过 74HC139 控制键盘列的代码。

键盘在按下和释放时有机械抖动，输入检测容易读取到多个 0、1 的变化。若想要“消抖”，可以使用硬件或软件的方法。此处提供一个简单算法，不仅能实现“消抖”，还可以实现在按键一直按下的情况下不断地重复触发的效果。以下按键“消抖”代码是在中断中运行的：

```
        if(0 == (gulC % 512)){              //每 512 ms 采样一次键盘状态,
                                            //在每次中断中 gulC 递加一次
        for(i = 0;i<4;i++){
            for(j = 0;j<4;j++){             //按行列两重循环,访问每个按键状态数组
                if(! gucKeyStates[i][j]){
                    charcA[3];
                    cA[0] = ' ';
                    cA[2] = 0;
                    cA[1] = gucKeyName[i][j];   //每个按键的预定义的单字符名字
                    Serial.print("Key:");       //检测到按键,从串口打印出来
                    Serial.println(gucKeyName[i][j]);//以字符串的形式进行打印
                    Serial.println(cA);
                }
            }
        }
    }
```

练习:

① 修改每个按键的名字,并在按键按下时,输出打印,观察结果。

② 中断中的代码和主循环程序中的代码有哪些异同?

③ 4×4 矩阵键盘能否舍弃其中一些而实现 4、8、12 个按键的读取?

④ 不使用译码器的情况下,4×4 矩阵键盘需要 8 个 I/O,那么 5×5 矩阵键盘最少需要多少个 I/O?

8.2.17 使用微积分对电路进行计算的实例——555 多谐振荡电路

图 8-40 是使用 555 芯片搭建的多谐振荡电路,芯片第 3 脚输出一个占空比大于 50% 的方波,此方波周期取决于 R1、R2 和 C1 的值。

图 8-41 是 555 芯片部分引脚的波形图,可以看出 C1 电容端的电压变化范围是 $\frac{1}{3}V_{cc} \sim \frac{2}{3}V_{cc}$。当 8 脚电源经过 R1 和 R2 为 C1 充电时,其电压逐渐升高,略大于 $\frac{2}{3}V_{cc}$ 时,6 脚输入比其内部比较器负端输入 $\frac{2}{3}V_{cc}$ 高,比较器输出高电平,RS 触发器的 R 端输入高电平,此时 S 端是低电平,输出低,逻辑"非"后,晶体管导通,7 脚输出低电平,此时 C1 经过 R2 放电;经过一段时间,C1 端电压略低于 $\frac{1}{3}V_{cc}$,2 脚输入比内部比较器正输入端 $\frac{1}{3}V_{cc}$ 低,比较器输出高电平,RS 触发器的 S 端输入高电平,而 R 端

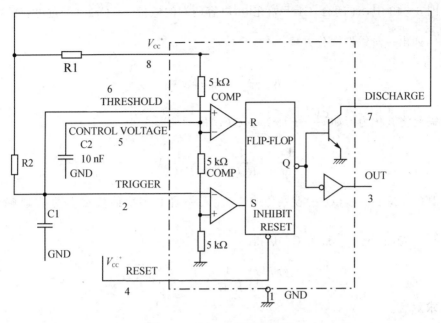

图 8-40　555 多谐振荡电路

是低电平,输出高,逻辑"非"后为低,晶体管截止,7 脚浮空,此时进入 8 脚电源为 C1 充电的过程……依此循环输出方波。

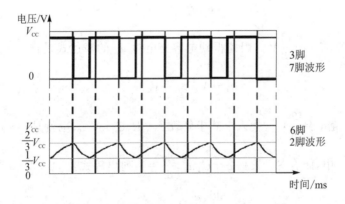

图 8-41　多谐振荡电路的 555 引脚的输出波形

电路中 555 的 3 脚输出的方波,其高电平时间是 $0.69(R_1+R_2)C_1$,低电平时间是 $0.69R_2C_1$,所以振荡周期是 $0.69(R_1+R_2)C_1+0.69R_2C_1$,这是如何计算出来的?这里 R_1、R_2、C_1、C_2 均为电阻 R1、R2 及电容 C1、C2 的值。

图 8-42 中,S1 闭合,C1 开始充电,电容两端的电量 $q = C_1 u_c$,经过电容的电流 $i = \dfrac{\mathrm{d}q}{\mathrm{d}t}$,列出一阶线性微分方程:

$$R_1 \frac{\mathrm{d}C_1 u_c}{\mathrm{d}t} + u_c = V_{cc}$$

需要将其化为形如 $\dfrac{\mathrm{d}y}{\mathrm{d}x} + P(x)y = Q(x)$ 的标准形式:

$$\frac{\mathrm{d}u_c}{\mathrm{d}t} + \frac{1}{R_1 C_1} u_c = \frac{1}{R_1 C_1} V_{cc}$$

$P(x)$ 是 $\dfrac{1}{R_1 C_1}$,$Q(x)$ 是 $\dfrac{1}{R_1 C_1} V_{cc}$,代入一阶非齐次线性微分方程通解 $y = \mathrm{e}^{-\int P(x)\mathrm{d}x}\left(\int Q(x)\mathrm{e}^{\int P(x)\mathrm{d}x}\mathrm{d}x + C\right)$ 后得

$$u_c = \mathrm{e}^{-\int \frac{1}{R_1 C_1}\mathrm{d}t}\left(\int \frac{1}{R_1 C_1} V_{cc}\mathrm{e}^{\int \frac{1}{R_1 C_1}\mathrm{d}t}\mathrm{d}t + C\right)$$

求解后:

$$u_c = V_{cc} + C\mathrm{e}^{-\frac{1}{R_1 C_1}t}$$

充电前 u_c 是 $\dfrac{1}{3}V_{cc}$,因此初始条件是:

$$u_c = \frac{1}{3}V_{cc}\bigg|_{t=0}$$

代入求解,$C = -\dfrac{2}{3}V_{cc}$,因此得到电容充电时 u_c 的表达式是:

$$u_c = V_{cc} - \frac{2}{3}V_{cc}\mathrm{e}^{-\frac{1}{R_1 C_1}t}$$

如果 u_c 充电到 $\dfrac{2}{3}V_{cc}$,代入上式求解,$t = -R_1 C_1 \ln 0.5$,也就是 $t \approx 0.69 R_1 C_1$。

图 8-43 中,闭合 S1,根据 $q = C_1 u_c$,$\dfrac{\mathrm{d}q}{\mathrm{d}t} = i$,列出等式:

$$\frac{\mathrm{d}C_1 u_c}{\mathrm{d}t}R_1 + u_c = 0$$

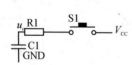

图 8-42　电容充电过程

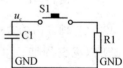

图 8-43　电容放电过程

变换后得到:

$$R_1 \int \frac{1}{u_c} \mathrm{d}u_c = -\int \frac{1}{C_1} \mathrm{d}t$$

积分后：

$$\ln |u_c| = -\frac{1}{R_1 C_1} t - C$$

求解得到：

$$\pm u_c = \mathrm{e}^{-\frac{1}{R_1 C_1} t - C}$$

由于 $\mathrm{e}^{-\frac{1}{R_1 C_1} t - C} > 0$，所以舍弃 $-u_c$；令 $C_2 = \mathrm{e}^{-C}$，原式化为：

$$u_c = C_2 \mathrm{e}^{-\frac{1}{R_1 C_1} t}$$

充电后最高电压是 $\frac{2}{3} V_{cc}$，这是放电开始时的初始条件：

$$u_c = \frac{2}{3} V_{cc} \Big|_{t=0}$$

代入求解得到 $C_2 = \frac{2}{3} V_{cc}$，所以得到 u_c 的表达式是：

$$u_c = \frac{2}{3} V_{cc} \mathrm{e}^{-\frac{1}{R_1 C_1} t}$$

将放电的最终值 $u_c = \frac{1}{3} V_{cc}$ 代入后解得：

$$t = -R_1 C_1 \ln \frac{1}{2} \approx 0.69 R_1 C_1$$

可见无论是放电还是充电，其表达式都相同，但是充电时 555 多谐振荡电路中的电阻是 $R_1 + R_2$，放电时电阻是 R_2，所以输出方波的占空比大于 50%。在电路中，$\frac{R_2}{R_1}$ 越大，其方波占空比越接近 50%。

使用 Arduino 编写读取 555 芯片输出方波频率的初始化代码如下：

```
pinMode(3, INPUT);                                    //D3 intterrupt
gult0 = micros();
attachInterrupt(digitalPinToInterrupt(3),bl,FALLING);  //D3 检测输入脉冲下降沿
                                                       //产生中断
```

中断调用的代码如下：

```
void bl(){
    gulc ++ ;//输入脉冲数递增 1
}
```

主循环程序代码如下：

```
if(millis() - gult0 >= 10000UL){   //10秒钟统计一下输入总脉冲数,除以10得到频率
    gult0 = millis();
    float f;
    f = gulc;
    gulc = 0;
    Serial.println(f/10.0);
}
```

练习：
① 修改 555 多谐振荡电路中的电阻、电容值,观察方波的频率变化,并做记录。
② 如果不使用中断,编写读取 555 芯片输出脉冲频率的程序。

8.2.18　Wi-Fi 通信实例——ESP-01 电路

相较于蓝牙和 ZigBee,Wi-Fi 通信有较多的优点,不仅速度快,而且兼容设备多,容易组网。图 8-44 是 ESP-01 与 Nano 互连的电路,Nano 内部单片机串口的收发已经通过电阻连接到 USB 了,所以,在这个电路中有一个双路开关,在 Arduino 上传程序到 Nano 时,必须断开 ESP-01 的收发引脚,在正常工作后,才可以接通。从图 8-44 中可以看出 ESP-01 的电源并没有使用 Nano 的 3.3 V 供电,而是单独由 RT9013 供电,这样可以获得足够大的功率。

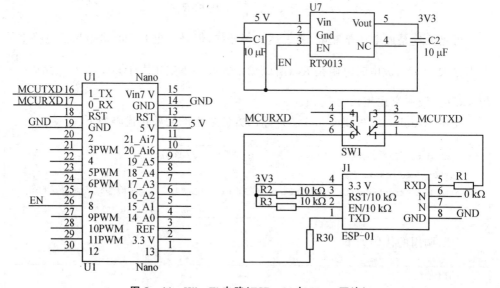

图 8-44　Wi-Fi 电路(ESP-01 与 Nano 互连)

ESP-01 已经通过一些命令配置成透传模式,主动发送 SSID,其 IP 为"192.168. 4.1",目标 IP 为"192.168.4.101",工作模式为 UDP,本地端口 10000,目标计算机端口 10000。个人计算机首先需要找到所要连接无线网络的名称,然后配置本机 IP 为 "192.168.4.101",网关为"192.168.4.1",子网掩码为"255.255.255.0",再通过网络调试助手等软件,将工作模式设置为"UDP",本机绑定 10000 端口,就可以实现双向通信了。

对于 Nano 而言,需要通过如下代码控制 RT9013 输出 3.3 V:

```
#define D_3V3_Ctrl 8
pinMode(D_3V3_Ctrl, OUTPUT);
digitalWrite(D_3V3_Ctrl, HIGH);
```

由于这是一个标准的串口通信,所以需要在 setup 函数中对串口进行波特率初始化:Serial.begin(115200)。在正常主循环 loop 函数中,使用 Serial.print 向目标计算机发送字符,使用 Serial.read 接收目标计算机发送的字符。

练习:

编写一个将所接收到的其计算机发送的字符进行返回发送的程序。

8.2.19 数字音频调制方法——Nano 弹奏简谱音频的方法

图 8-45 是 Nano 的调制电路,该电路在一个特定频率上调制信号,然后在 U2 的 3 脚上输出。

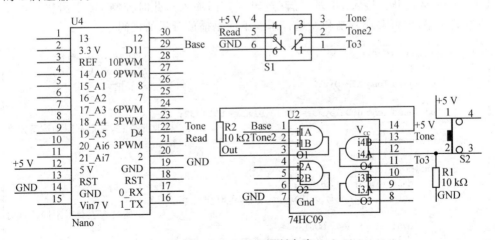

图 8-45 Nano 调制电路

载波信号频率由 Nano 的 29 脚 D11 产生,此脚是 ATmega328/P(详细引脚定义参见 ATmega328 手册)中定时器 TC2 的 OC2A 输出(PB3,Nano 的 D11)。如果让 OC2A 产生一个特定的频率,可以让 TC2 工作在 CTC 模式,设置 WGM22(TCCR2B

寄存器的位 3)、WGM21(TCCR2A 寄存器的位 1)、WGM20(TCCR2A 寄存器的位 0)为"010"即可。为了获得较高的频率,设置定时器输入时钟不分频,即 CS2[2:0] (TCCR2B 寄存器的位 2、位 1、位 0)为"001"。TC2 的输出频率计算公式为:

$$f = \frac{\text{clk}_{I/O}}{2 \times (\text{OCR2A} + 1)}$$

OCR2A 为 6,晶振频率 $\text{clk}_{I/O}$ 为 16 MHz,根据上式计算得到载波信号频率约是 1.143 MHz。如何使一个数字信号既能体现出载波信号,又能体现出音频? 可以使用逻辑"与"的方法,将载波信号 Base 接入 U2 的 1 脚,音频 Tone2 接入 U2 的 2 脚,经过逻辑"与"后从 3 脚输出,74HC09 是开漏输出,所以 3 脚需要上拉一个电阻,通过选择此电阻的上拉电源,可以使此逻辑信号"1"所代表的高电平值增加或者减少,起到将此信号强度增强或者减弱的效果。载波信号和音频经过逻辑"与"之后的输出信号如图 8 - 46 所示。

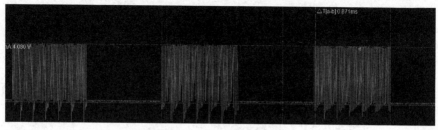

图 8 - 46　调制后的信号

图 8 - 46 中密集的部分是载波信号,也就是调制音频信号的高电平;调制信号的低电平没有载波信号。S1 上拨,Nano 通过 Read 读取到高电平(逻辑"1"),Nano 的 D4(Tone)通过开关接入 U2 的 2 脚(逻辑"与"门输入),此时控制 D4 引脚输出电平的方波频率,即可实现调制和发送音乐。下面是播放音乐的代码:

```
void PlayMusic(int nL0_M1_H2,              //低音、中音、高音
    int n1_7,                              //1～7 音级
    unsigned long nJP_Div32                //节拍
){
    unsigned long ulDelaymS = (nJP_Div32 * 500)/32;
                                    //修改此公式,获得不同的演奏速度
    unsigned long ult0;
    ult0 = millis();
    while(1){
        digitalWrite(4, HIGH);
        delayMicroseconds(gulDelayHalfT[nL0_M1_H2][n1_7 - 1]);
                                    //通过查表获得不同的延时
        digitalWrite(4, LOW);
        delayMicroseconds(gulDelayHalfT[nL0_M1_H2][n1_7 - 1]);
        if(millis() - ult0 >= ulDelaymS){    //节拍延时时间到,则退出
            break;
        }
    }
}
```

以上代码中延时二维数组 gulDelayHalfT 的数据是表 8 - 10 中频率的倒数的一半。第一维是低音、中音、高音的选择,第二维是音级的选择。由于表 8 - 10 中音级的频率都不高,所以使用以微秒(μs)为单位的延时函数 delayMicroseconds 即可。第三个参数是以 32 为分母的延时时长,其含义是节拍,可以修改 ulDelaymS 的计算方法,实现慢速演奏和快速演奏效果。

表 8 - 10 音级与频率的关系

低 音	频率/Hz	中 音	频率/Hz	高 音	频率/Hz
1	261.63	1	523.25	1	1046.5
2	293.67	2	587.33	2	1174.66
3	329.63	3	659.25	3	1318.51
4	349.23	4	698.46	4	1396.92
5	391.99	5	783.99	5	1567.98
6	440	6	880	6	1760
7	493.88	7	987.76	7	1975.52

音乐用一个结构体数组来表示,通过修改该值,就可实现播放不同的音乐。结构体定义如下:

```
struct t_NumberedMsicalNtation{
    unsigned char nWait1_SL2;
    unsigned char L0M1H2;
    unsigned char n1_7;
    unsigned long nBeat_Div32;
};
```

nWait1_SL2 的含义是纯延时或播放一个音级,L0M1H2 是低音、中音、高音,n1_7 是音级,nBeat_Div32 是以 32 为分母的延时。比如"1 2 3 1|"转换成数组则为:

```
const struct t_NumberedMsicalNtation TwoTigers [] PROGMEM = {
{2,1,1,32},            //播放音乐,中音,1,一拍
{2,1,2,32},            //播放音乐,中音,2,一拍
{2,1,3,32},            //播放音乐,中音,3,一拍
{2,1,1,32},            //播放音乐,中音,1,一拍
{1,0,0,0},             //小节
```

如果 S1 下拨,Nano 通过 Read 读取到低电平(逻辑"0"),由于此时 Nano 的 D4 与 S2 的信号经过逻辑"与"后再与 Base 进行逻辑"与"。程序让 D4 发出一个人耳可听到的 20~20 000 Hz 之间的固定频率信号,如果按下 S2,开关输出高电平,固定频率可以与 Base 进行逻辑"与";如果 S2 弹起,则最终 Out 是逻辑 0,没有频率输出。

效果就是按下 S2 发音，S2 弹起不发音，实现类似拍发电报的效果。

　　练习：

　　① 请编写一段音乐，调制后发出，使用解调器接收，验证音乐能否正常播放。

　　② 编写一个拍发"SOS"（三短三长三短）电报信号的程序。

第9章 液态金属印刷电子技术

9.1 液态金属印刷电子技术

印刷电子是近年来兴起的一种先进电子制造技术,其原理在于利用传统的丝印、喷墨等印刷手段将导电、介电或半导体性质的材料转移到基板上从而制造出电子器件与系统。与传统电子加工方法相比,印刷电子在大面积、柔性化、个性化、低成本、绿色环保制造电子等方面具有无可比拟的优势。典型的导电墨水通常分为碳系导电墨水、高分子导电墨水和金属导电墨水三大类。

液态金属通常指的是熔点低于 200 ℃的低熔点合金,其中,室温液态金属的熔点更低,在室温下即呈液态。与传统流体相比,液态金属具有优异的导热和导电性能,且液相温度区间宽广,因此该方面的研究与日俱增。与传统导电墨水相比,液态金属墨水材料的配制相对简单,在打印后无须进行后处理即具备导电性,而且电导率相对较高,是一种较为理想的导电墨水。

9.2 液态金属 PCB 快速打印系统

液态金属 PCB 快速打印系统主机结构如图 9-1 所示,主机核心附件和耗材如表 9-1 所列。

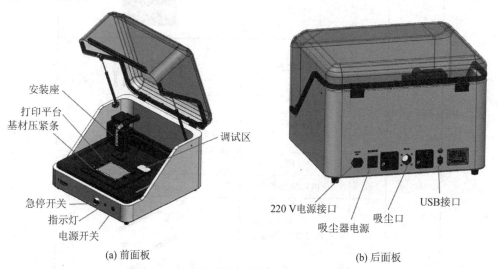

(a) 前面板   (b) 后面板

图 9-1 液态金属 PCB 快速打印系统主机结构

表 9 - 1　　液态金属 PCB 快速打印系统主机附件和耗材清单

类　别	序　号	名　称	附　图
附件	1	钻孔头	
	2	过孔头	
	3	打印头底座	
	4	浆料打印头	
	5	锡膏打印头	
	6	校准探针	
	7	垫框	
	8	垫板	
	9	PCB 钻头	
	10	裁边头	
	11	毛刷	图略
	12	内六角扳手	图略
	13	基材压紧套件(小幅面)	

续表 9 - 1

类　别	序　号	名　　称	附　图
附件	14	基材压紧套件(大幅面)	
	15	吸尘管及管接头	
	16	电源线	
	17	数据线	
耗材	18	液态金属浆料墨管	
	19	焊锡膏墨管	
	20	笔尖及其转接头	
	21	笔尖盖帽	
	22	笔尖通针	

9.2.1　液态电子电路打印机调试

打印前需先仔细阅读机器使用说明书和软件使用说明书,具体打印步骤依次为载图→预热→调试→打印。具体操作时,首先启动软件连接软件与设备通信(图 9-2),然后载入图纸(图 9-3)、布局(图 9-4)、生成工程(图 9-5)并进行调试,调试主要是校准和测试出墨情况是否正常,若经调试无法达到可打印要求,且操作软件显示数据正常,则应为打印头堵塞,需更换打印头。更换打印头方法可参见图 9-6,调试完成后则可开始打印。

T SERIES
打开工程
导入文件
保存
另存为
未连接
150×100 mm
220×160 mm

图 9-2　启动软件选择幅面

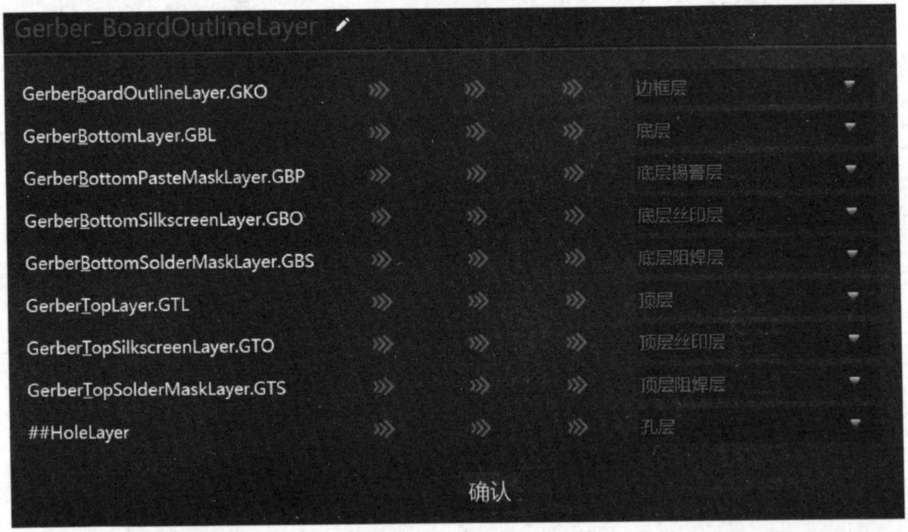

Gerber_BoardOutlineLayer
GerberBoardOutlineLayer.GKO
边框层
GerberBottomLayer.GBL
底层
GerberBottomPasteMaskLayer.GBP
底层锡膏层
GerberBottomSilkscreenLayer.GBO
底层丝印层
GerberBottomSolderMaskLayer.GBS
底层阻焊层
GerberTopLayer.GTL
顶层
GerberTopSilkscreenLayer.GTO
顶层丝印层
GerberTopSolderMaskLayer.GTS
顶层阻焊层
##HoleLayer
孔层
确认

图 9-3　图纸导入

(1) 图 9-6(a)为打印机打印模块示意图。将加热套固定并加热打印管。将螺母固定在加热套外门。

(2) 如图 9-6(b)所示，使用 M2.5 内六角扳手将固定螺母松开后，可使用尖嘴钳夹持打印管顶部将打印管取出。

(3) 将打印管取出后，将打印头朝下，竖直放置于打印管架上冷却。

(4) 如图 9-6(c)所示，将放置在打印管架上的另一支待用打印管取下，手扶打印管,同时用尖嘴钳夹持打印头并缓慢旋转,将打印头取下。

(5) 如图 9 - 6(d)所示,用镊子夹持一枚新的打印头,沿连接器安插到底即可。

(6) 随后用尖嘴钳夹持更换新打印头后的打印管,安置在加热套中。随后关紧外门,再用 M2.5 内六角扳手将螺母旋紧即可。

(7) 打印头更换完成后,需等待 5 min,待打印管充分预热后,即可重新开始调试步骤。

更换好打印头,调试完成后则可开始打印,详细步骤如图 9 - 7 所示。

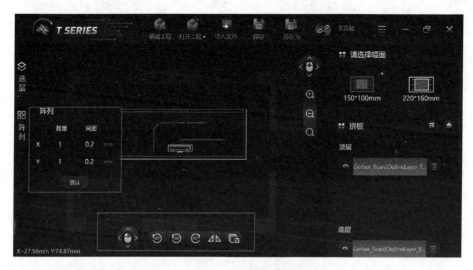

图 9 - 4　文件布局

图 9 - 5　生成工程

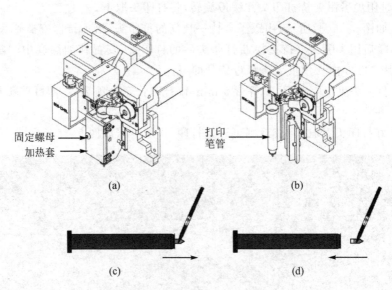

固定螺母
加热套

打印
笔管

(a)　　　　　　　　　　　　　　　(b)

(c)　　　　　　　　　　　　　　　(d)

图 9 - 6　更换打印头方法示意图

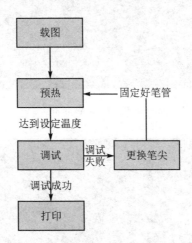

载图

预热 ← 固定好笔管

达到设定温度

调试 ──调试失败──> 更换笔尖

调试成功

打印

图 9 - 7　液态电子电路打印机调试

9.2.2　主控电路打印及修补

（1）打开 Dream S1 操作软件。

（2）待通信连接成功后，单击右上角"打开"按钮 打开 设置 帮助 ，打印图纸格式后缀选择"＊.pcbdoc"。找到打印图纸路径并载入设计好的主控电路图。

（3）软件可设置打印管温度，待显示的打印管温度达到设定温度后，即可开始调试。推荐设定参数详见表 9 - 2。预计等待时间 15 min。

表 9 - 2　快速制板系统最佳打印参数

参　数	参考值	参　数	参考值
打印头压力	260~270	打印速度	50 mm/s
打印偏移步长	0.08 mm	打印管温度	120 ℃
底板温度	60 ℃	液位高度	200

（4）将基材的保护膜揭开后正面朝上推入设备滚轮中，并在设备控制面板下通过控制滚轮移动基材，使基材下方对准打印基线，如图 9 - 8 所示。

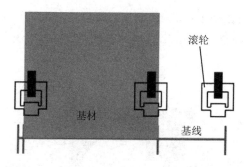

图 9 - 8　打印基线对准示意图

按下软件打印 调试 界面按钮，打印头会在基材上打印三排点阵及框阵。

（5）若打印效果不好，则需持续进行调试，直到可打印一排完整方框后，则可开始打印步骤。

（6）若调试过程中始终无法达到上述要求，则应更换打印头。更换打印头时应先用六角扳手拧开固定螺丝，然后用尖嘴钳将打印管从加热套中拿出冷却。随即将另一支打印管换上新的打印头，放入加热套中。再固定好螺丝，重新开始预热并调试。

（7）换上新的基材，将基材的保护膜揭开后正面朝上推入设备滚轮中，使用设备操作面板控制滚轮移动基材，将基材下端对准打印基线。

（8）设置合适的打印参数，表 9 - 2 提供了可供参考的最佳打印参数。

（9）打印顶层电路时应点选打印界面选项 ○镜像　●不镜像 。

（10）打印底层电路时应点选打印界面选项 ●镜像　○不镜像 。

（11）盖下翻盖，按下操作软件打印按钮，开始打印。

（12）在打印结束后，可点选操作界面右上角 修补 按钮，进入操作软件修补界面。进入修补界面后，可以点选或框选需修补的线路，如图 9 - 9 所示，红色部分为已选为应修补的部分。选中需修补的线路后，再单击修补界面左上角按钮 修补 ，所选线路即会重新打印。

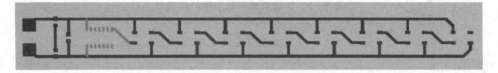

图 9 - 9　线路修补示意图

9.2.3　电路板打孔及贴片元件焊接

（1）图 9 - 10 为高速钻床示意图，操作者可以通过把手控制钻头起落，通过螺钉及升降转盘微调钻头高度。在钻孔前，请先佩戴好护目镜并注意高速钻床的注意事项。

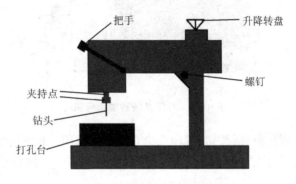

图 9 - 10　高速钻床示意图

　　使用两支扳手夹持两个夹持点，反向旋转，可以松开夹持头，安装上对应的钻头；钻头对应双层电路孔洞大小；使用内六角扳手（M6）松开螺钉，旋转升降转盘，微调钻头高度；调整好钻头高度后，拧紧螺钉，插上电源，按下 RUN/STOP 按钮，启动钻头；调整转速，将转速调至 666 Hz，即 40 000 r/min；将双层电子电路放置于打孔台上；钻头对准钻孔，按下把手开始打孔；打孔结束后，按下数码控制台的 RUN/STOP 按钮，钻头停止转动；再次使用两支扳手夹住夹持点并反向旋转，卸下钻头，再重新拧紧夹持头；使用毛刷清洁电子电路基材上的碎屑。

　　使用高速钻床的一般注意事项如下。

　　① 操作前准备：使用前应先详细阅读使用手册，并经过培训后才能操作；检查润滑油和冷却液是否充足，及时添加；根据加工要求选择合适的刀具和切削参数，以保证加工的准确性和表面质量。

　　② 操作过程：工作人员需要熟悉高速钻床的控制系统，需要穿戴好防护设备，避免发生操作伤害；保持工作区域的整洁和安全，防止杂物和油污对设备造成干扰和损坏；切换至手动模式进行件装夹，根据加工需要安装相应的钻头或铰刀；注意加工工

件需要合理安装夹紧,避免扭曲变形。

③ 操作后清理与维护:加工结束后,关闭钻头主轴和电源,清理机床及周边环境。对设备进行检查、清理和保养,确保设备保持良好状态以及能够长久使用。

(2) 贴片元件焊接流程如图 9 - 11 所示,依次为:加高焊盘→贴片元件预处理→贴片元件浸镀→贴片→补焊,焊接时低温烙铁温度均设置为 72 ℃。具体操作细节如下。

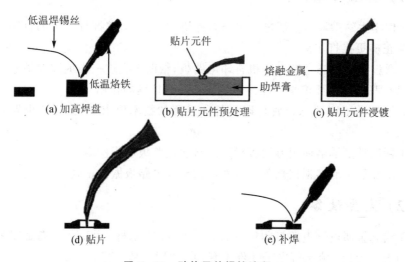

图 9 - 11　贴片元件焊接流程

① 加高焊盘:使用低温烙铁将低温焊锡丝熔融后点取少量,在焊盘上加高。

② 贴片元件预处理:使用镊子将贴片元件在助焊膏中进行涂抹后取出。

③ 贴片元件浸镀:将贴片元件放入在坩埚中加热的金属熔池内。坩埚温度设置为 200 ℃。元件浸入时,金属熔池内会出现轻微的气泡,待气泡不再生成后,将元件取出。

④ 贴片:取出元件后,须在 2～5 s 内将元件放置于指定焊盘上。可以发现,元件可将焊盘处金属熔融,待焊盘处金属冷却后,元件引脚被金属包覆,形成焊点。

⑤ 补焊:若焊点不够饱满,则需使用低温烙铁及低温焊锡丝进行补焊。

(3) 过孔。将无铅焊锡穿过过孔,使用低温烙铁和低温焊丝将无铅焊锡焊接在基材上,再使用电工钳将无铅焊锡切断如图 9 - 12 所示。

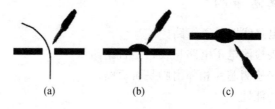

图 9 - 12　过孔处理

9.3　电子电路的液态金属打印实训

本节以流水灯电路板打印制作为例进行介绍。

(1) 实验目的

① 使学生熟悉液态金属电子电路打印机的各部件,掌握打印机的打印方法和功能,能够正确更换打印头。

② 通过观察液态金属打印机打印电路板,帮助学生进一步巩固对液态金属打印机工作原理的理解,要求学生能清楚地说出每个按键的作用。

③ 使学生了解液态金属打印机打印过程的技术要求,掌握打印电路板的测试方法。

④ 帮助学生学会使用万用表对液态金属电路板进行检测。

⑤ 指导学生能够根据相关要求对液态金属电路板做出正确的修补。

(2) 主要设备

① 液态金属电子电路打印机(Dream - S1);② 基材3张;③ 液态金属墨盒1个;④ 万用表1台;⑤ 流水灯电子元件1套;⑥ 常用工具1套。

(3) 实验原理

单片机流水灯实际上是单片机各引脚在规定的时间逐个上电,但过了一段时间便逐个断电。实验中使用单片机 p1.0、p2.6、p2.1、p3.7、p3.5、p3.3 端口,对 6 枚 LED 灯进行控制,要实现逐个亮灯即将 p1.0、p2.6、p2.1、p3.7、p3.5、p3.3 端口逐一置 0,过程之中使用时间间隔来隔开各灯的亮灭。6 枚 LED 流水灯原理图如图 9 - 13 所示;元器件放置图如图 9 - 14 所示。

(4) 实验步骤

具体操作参考9.2节。

(5) 实验注意事项

① 目检电子电路线路是否短路。

② 使用万用表检测电子电路长线路是否断路。

③ 使用万用表检测芯片相邻引脚是否短路。

④ 检验电路功能性。

⑤ 直插件插接到底,且元件本体不可移动。

⑥ 电子电路制作完成后,修补点不可超过 5 个。

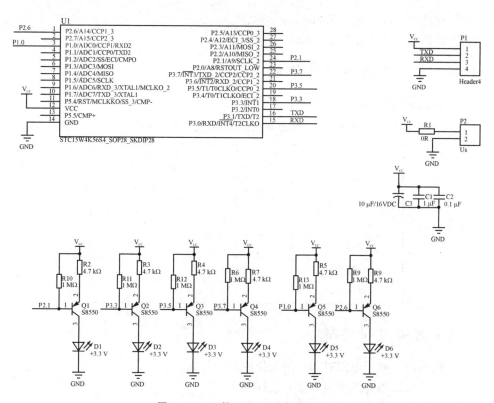

图 9-13　6 枚 LED 流水灯原理图

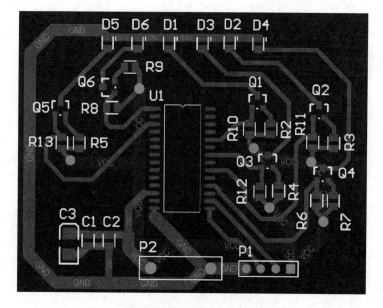

图 9-14　6 枚 LED 流水灯元器件放置图

⑦ 修补点宽度不超过 2 mm。

⑧ 修补点厚度不超过 1 mm。

(6) 实验数据和现象记录

实验过程中将相关数据、现象记录在表 9-3 中。

表 9-3　流水灯电路板打印制作实验记录表

项　目	数　据	打印过程
底板温度		
打印时间		
打印管温度		
打印速度		
打印头压力		
液位高度		

(7) 思考及讨论题

① 液态金属电子电路打印机的工作原理是什么?

② 液态金属墨盒的更换方法是怎样的?

③ 如何进行液态金属电路板的后期处理?

参考文献

[1] 武丽,余耀,巫君杰,等. 现代电子工艺教程[M]. 合肥:合肥工业大学出版社,2023.

[2] 王立新,曹立军,伊学军. 电工电子工艺实训教程:第2版[M]. 北京:电子工业出版社,2023.

[3] 杨日福,黄敏兴,李丽秀. 电子工艺理论基础[M]. 北京:科学出版社,2022.

[4] 碳膜电阻器的工作原理、特点及应用介绍. https://www. mrchip. cn/newsDetail/287.

[5] 碳膜电阻规格书. https://u. dianyuan. com/upload/space/2011/04/20/1303285908-442525. pdf.

[6] 金属膜电阻规格、符号、颜色、特点、应用等知识汇总. https://www. mrchip. cn/newsDetail/271.

[7] 空气介质可变电容器基础知识详解. https://baijiahao. baidu. com/s? id＝16292175815336694658&wfr＝spider&for＝pc.

[8] 曹文,贾鹏飞,杨超. 硬件电路设计与电子工艺基础:零基础电子设计课程设计[M].第2版. 北京:电子工业出版社,2019.

[9] 郭玉廷. CQFN封装设计方法及工艺技术研究[D]. 合肥工业大学,2017.

[10] 周玉刚,张荣. 微电子封装技术[M]. 北京:清华大学出版社,2023.

[11] 曾广根等编著. 电子封装材料与技术[M]. 成都:四川大学出版社,2020.

[12] 洪韬,赵京城. 微波电路与封装[M]. 北京:北京航空航天大学出版社,2020.

[13] 关赫,龙绪明,李锋. 芯片封装与测试[M]. 西安:西北工业大学出版社,2022.

[14] 关晓丹,梁万雷. 微电子封装技术及发展趋势综述[D]. 北华航天工业学院学报,2013:34-37.

[15] 微电子封装技术微知述. https://zhuanlan. zhihu. com/p/148143769.

[16] 闪德半导体. 半导体后端工艺:晶圆级封装工艺(上). https://www. elecfans. com/d/2272350. html.

[17] 封装新潮流,扇出型封装正在变得无处不在. https://www. seccw. com/Document/detail/id/17062. html.

[18] 陈志文,梅云辉,刘胜,等. 电子封装可靠性:过去、现在及未来[J]. 机械工程学报,2021,57(16):248-268.

[19] 张光磊,郝宁,杨治刚,等. 电子封装陶瓷的研究进展[J]. 陶瓷学报,2021,42(5):732-740.

[20] 赵鹤然. 集成电路高可靠封装技术[M]. 北京:机械工业出版社,2022.3.

[21] 周良知. 微电子器件封装——封装材料与封装技术[M]. 北京:华安学工业出版社,2006.6

[22] 黄晗,陈彦亨,林正忠,李俊德,伍信桦,薛兴涛. CN114975136A -系统晶圆级芯片封装方法及结构[P]. CN114975136A,2022.8.30.

[23] 黄河,向阳辉,刘孟彬. 一种晶圆级系统封装结构及封装方法[P]. CN114823394A,2022.7.29.

[24] 郭业才. 电子测量与仪器实践教程[M]. 西安:西安电子科技大学出版社,2020

[25] 王明武. 电子测量原理与仪器[M]. 北京:科学出版社,2018.

[26] 固纬电子实业股份有限公司. 双显测量万用表-GDM-834X 系列使用手册.

[27] 固纬电子实业股份有限公司. 多组输出直流电源供应器使用手册.

[28] IWASTU. IWASTU Test Instruments Corporation. Oscilloscope SS-7810/05/04 Service Manual.

[29] 固纬电子实业股份有限公司. 双轨迹示波器 GOS-630FC 操作手册.

[30] 北京普源精电科技有限公司. DG4000 系列函数/任意波形发生器用户手册.

[31] 南京盛普仪器科技有限公司. SP1641B/SP1642B 系列使用说明书.

[32] 固纬电子实业股份有限公司. 多功能混合域示波器 MDO-2000E(G/X/C/S)使用手册.

[33] 固纬电子实业股份有限公司. 混合訊號示波器 MSO-2000E 及 MSO-2000EA 使用手册.

[34] 常州市同惠电子有限公司. TH2816 型宽频 LCR 数字电桥使用说明书.

[35] 常州市同惠电子有限公司. TH2816B 使用说明书.

[36] Altium 中国技术支持中心. Altium Designer 19 PCB 设计官方指南[M]. 北京:清华大学出版社,2019.

[37] 朱清慧. Proteus 教程——电子线路设计、制版与仿真[M]. 北京:清华大学出版社,2016.

[38] 张怀武. 现代印制电路原理与工艺[M]. 北京:机械工业出版社,2006.

[39] 郑前峰,叶灶春. 一种焊盘镀铅锡印制电路板[P]. 广德瓯科达电子有限公司,CN216057632U,2022.

[40] xx555 Precision Timers datasheet (Rev. I). https://www.ti.com/product/NE555? keyMatch=&tisearch=search-everything&usecase=partmatches.

[41] Considering TI Smart DACs As an Alternative to 555Timers. https://www.ti.com/lit/an/slaae33/slaae33.pdf? ts=1710669117908&ref_url=https%253A%252F%252Fwww.ti.com%252Fproduct%252FNE555%253FkeyMatch%253D%2526tisearch%253Dsearch-everything%2526usecase%253Dpartmatches.

[42] Atmel. Atmel 8-bit Microcontroller with 4/8/16/32Kbytes In-System Pro-

grammable Flash.

[43] Atmel. 8-bit AVR Microcontrollers ATmega328/P DATASHEET COMPLETE.

[44] Arduino nano. https://search.arduino.cc/search/? q＝nano.

[45] 王磊,刘静. 液态金属印刷电子墨水研究进展[J]. 影像科学与光化学,2014,32(4):382-392.

[46] 刘静,李倩,杜邦登. 液态金属印刷半导体技术[M]. 上海:上海科学技术出版社,2023.

[47] 刘静,王倩. 液态金属印刷电子学[M]. 上海:上海科学技术出版社,2019.

[48] 刘静,王磊. 液态金属3D打印技术:原理及应用[M]. 上海:上海科学技术出版社,2019.

[49] 梦之墨. T Series PCB 快速制板系统快速使用指南.

附录 实训练习测试题参考答案
（仅客观题）

第 2 章

①A ②B ③A ④A ⑤A ⑥B ⑦B ⑧B ⑨A ⑩A
⑪B ⑫A ⑬A ⑭A ⑮B

第 4 章

①A ②A ③B ④A ⑤A ⑥B ⑦A ⑧C ⑨AD ⑩B
⑪A ⑫B ⑬D ⑭ABD ⑮BD

第 7 章

①B ②A ③A ④A ⑤A ⑥A ⑦B ⑧A ⑨B ⑩A
⑪B ⑫A